Un manuel de réparation et de réparation

avec des diagrammes

Charles Godfrey Leland

Writat

Cette édition parue en 2023

ISBN : 9789359254159

Publié par
Writat
email : info@writat.com

Selon les informations que nous détenons, ce livre est dans le domaine public. Ce livre est la reproduction d'un ouvrage historique important. Alpha Editions utilise la meilleure technologie pour reproduire un travail historique de la même manière qu'il a été publié pour la première fois afin de préserver son caractère original. Toute marque ou numéro vu est laissé intentionnellement pour préserver sa vraie forme.

Contenu

INTRODUCTION

L'auteur de cet ouvrage espère modestement que tous ceux qui le liront avec attention reconnaîtront qu'il y a clairement montré que le raccommodage, qui a été jusqu'ici considéré comme un simple complément aux autres arts, est en réalité un art en soi, sinon une science, puisqu'elle est basée sur des principes chimiques et autres, qui admettent des applications étendues et des combinaisons générales. Il a ses *lois* — un fait auquel aucun écrivain n'a jamais fait allusion, puisque toutes les recettes de restauration existantes sont chacune des inventions individuelles conçues pour convenir à certains cas. Ce travail a été conçu sur un principe différent.

Une connaissance approfondie de cet art de réparer, raccommoder ou restaurer divers objets est d'une très grande valeur, puisqu'il n'y a pas de maison où elle ne soit souvent appelée en réquisition. Dans la cuisine ou le salon, dans la bibliothèque et dans la crèche, il y a des casses quotidiennes, dont une grande et inutile proportion sont des pertes, simplement parce qu'un homme comme un raccommodeur général, qui est accompli dans *toutes* les branches de l'art, ne n'existe pas. Et, qui plus est, il est également vrai que personne n'a jamais réalisé à quel point la réparation et l'économie peuvent être réalisées, avec un peu de temps, de pratique et d'argent, par toute personne intelligente qui consacrera une attention sérieuse à il. En relativement peu d'années, les découvertes scientifiques ou naturelles ont étendu les capacités du réparateur dans une mesure extraordinaire. Il me suffit de mentionner les applications faites aujourd'hui avec le silicate de soude, le celluloïd, la gutta percha et la glycérine pour confirmer ce que je dis. en grande partie, en fait, que seuls les technologues et chimistes accomplis sont réellement conscients de ce qui peut être fait en matière de réparation générale, par rapport à ce qui était possible il y a seulement quelques années. Je crois qu'il y a peu de personnes véritablement pratiques (et, dois-je ajouter, rares qui s'intéressent à l'art sous quelque forme que ce soit, ou même aux livres) qui liront cet ouvrage sans un intérêt profond et sans acquérir des informations d'une telle valeur qu'en en comparaison, le coût du livre semblera une bagatelle.

Bien que la réparation ou la restauration soit un sujet qui, d'une manière ou d'une autre, concerne tout le monde et qu'il est assurément dans l'interet de tous de comprendre, c'est, je crois, le premier livre dans lequel son application à une *grande* variété de besoins a été faite. , et cela d'une manière si clairement coordonnée , et selon un principe si simple, que celui qui le lit ne peut avoir aucune difficulté à réparer n'importe quel objet, même s'il n'est pas décrit ici. Dans tous les ouvrages du genre que j'ai vu, les recettes de réparation ont été données simplement selon leurs *sujets* , sans aucune considération pour les principes généraux d'application, et une grande partie de celles-ci ont été à leur tour simplement copiées de vieux livres de « recettes » diverses. », ou des journaux dans lesquels chaque prétendue nouvelle découverte est annoncée comme infaillible, ou comme si elle avait été testée et testée à la perfection. Que je n'ai pas ainsi accumulé imprudemment toutes sortes de *recettes* pour remplir mes pages, cela apparaîtra très clairement à tout chimiste ou technologue, qui s'apercevra que, à partir d'un tableau complet de bases de ciments généralement reconnues et testées depuis longtemps, j'ai étant données des déductions et des combinaisons scientifiquement conformes à leurs lois et à l'expérience. Le véritable but de donner un grand nombre de recettes n'a pas été uniquement ou simplement de fournir au ménagère ou au mécanicien des instructions pour certaines réparations, mais aussi de suggérer au technologue et à l'inventeur de nouvelles idées et applications. Ainsi, quand nous savons que des proportions données de zinc en poudre, de silicate de soude et de craie forment un ciment solide, ressemblant au zinc, il convient de suggérer que cela peut être modifié en employant d'autres métaux et substances, tels que des poudres de bronze. et oxydes minéraux, toujours précédés d'une petite expérience. J'ose dire que toute personne intelligente qui maîtrise cet ouvrage peut, sur cette allusion, se faire d'innombrables inventions ; et je suis sûr qu'il n'y a pas un rédacteur en chef d'une seule revue technologique qui ne témoigne du fait que chaque année un grand nombre de brevets sont déposés et des fortunes bâties à partir de recettes qui ne sont ni aussi scientifiquement combinées ni aussi utiles dans la pratique que celles que je propose. ici donner. Qu'il y ait encore des fortunes à faire, cela est abondamment prouvé par le fait qu'il y a très peu de gens, comparativement parlant, qui savent où se procurer ou comment fabriquer de la colle imperméable, ou comment réparer avec elle, proprement et durablement, chaussures, parapluies. , et de nombreux loyers de vêtements ; comment réunir une sangle cassée ; réparer, en feutrant, les chapeaux déchirés ; réhabiliter parfaitement le papier vermoulu et arraché ; restaurer le bois cassé pourri ; ou réparer, en fait, n'importe quoi, sauf avec de la colle ou du mucilage ordinaire, qui tous deux cèdent bientôt et se fissurent ou fondent. Tant que cette ignorance générale prévaudra, aussi longtemps qu'il y aura une opportunité pour l'inventeur de fabriquer et de vendre des ciments, et pour le réparateur de trouver un emploi.

J'attire particulièrement l'attention sur le fait que ce livre ne contient pas simplement des recettes traditionnelles non testées qui ont été simplement transférées d'un manuel de femme de ménage à un autre depuis des générations. Là où je n'ai pas été guidé par mon expérience personnelle, qui n'est, j'ose le dire, pas très limitée, j'ai suivi soit des ouvrages véritablement scientifiques, comme les trois cents volumes de la Bibliothèque Chimique-Technique d' A. HARTLEBEN ; ou, en citant des auteurs plus anciens, ils ont invariablement donné des recettes qui concordent avec les principes avancés par les analystes et les inventeurs modernes. Et bien que je ne sois pas professeur de chimie, comme je l'ai étudié ainsi que la philosophie naturelle dans ma jeunesse auprès de LÉOPOLD GMELIN , L. PASSELT et du professeur JOSEPH HENRY , j'espère avoir été suffisamment qualifié pour éviter les erreurs dans ce que j'ai écrit. Bref, que je n'ai *pas* accumulé imprudemment toutes les recettes que j'ai pu trouver, et que celles que je donne sont réellement dignes de confiance, cela apparaîtra clairement au chimiste ou au technologue, qui s'apercevra qu'à partir d'un tableau donné de recettes généralement reconnues et longtemps connues. éprouvées bases de ciments, etc., j'ai ensuite donné des déductions et des combinaisons scientifiquement d'accord avec leurs lois et avec l'expérience. Mon livre n'est pas une *pièce de fabrication* ou de bricolage, mais le résultat de nombreuses années d'expérience pratique dans les arts et industries mineurs, sur lesquels j'ai publié vingt-deux ouvrages, sans inclure de brochures. des conférences et au moins une centaine de lettres ou d'articles dans des magazines et journaux de premier plan. Il y a, en bref, très peu de réparations ou de fabrications décrites dans ce livre que je n'ai pas, à un moment ou à un autre, personnellement effectuées, ayant eu toute ma vie une passion pour la réparation et la restauration de toutes sortes d'objets, et cela de manière scientifique et approfondie.

Comme je l'ai observé, il y a dans chaque maison des bris continus de toutes sortes – « ou des déchirures qui réclament réparation » – il est d'une certaine importance que quelqu'un dans la famille y prête une attention particulière. Combien de fois ai-je vu des objets de grande valeur collés ensemble — n'importe comment et maladroitement — avec du mastic, des gaufrettes, de la cire à cacheter, de la colle, de la pâte de farine, ou tout ce qui « tiendrait » pendant un certain temps, alors qu'une cure parfaite aurait tout aussi bien pu l'être. aurait été effectué si la recette appropriée avait été apportée au premier pharmacien. Cela est également vrai en ce qui concerne l'enlèvement de l'encre ou des taches sur les vêtements, ou la réparation parfaite de ces derniers, ou la réparation de chaussures ou de tissus en caoutchouc , ou le feutrage de chapeaux usés et de nombreux autres articles, dont tous sont traités dans cet ouvrage.

Il est vrai que tout le monde n'est pas naturellement ingénieux, ni intelligent, ni doué, mais tous peuvent devenir *d'habiles réparateurs* s'ils réfléchissent dûment au sujet (qui ne nécessite aucune étude approfondie) et expérimentent un peu. Et ici, j'adresserais sérieusement quelques mots à tous ceux qui s'intéressent à l'éducation. Il existe une certaine faculté que l'on peut appeler constructivité, qui est presque alliée à l'invention et qui développe merveilleusement chez tous les enfants la rapidité de la perception, de la pensée ou de l'intellect. C'est l'art d'utiliser les doigts pour fabriquer ou manipuler, de quelque manière que ce soit ; elle existe chez chaque être humain, et elle peut se manifester à un degré extraordinaire chez les jeunes, comme cela a été pleinement testé et prouvé. Or, si l'on prend deux enfants du même âge, du même sexe et des mêmes capacités, tous deux fréquentant la même école et poursuivant les mêmes études, et si l'un des deux consacre de deux à quatre heures par semaine à un cours d'art industriel (*c'est-à-dire* , étudiant *des dessins* originaux simples, la sculpture sur bois facile, le repoussé, la broderie, etc.), on constatera - comme cela a été le cas par des expériences très approfondies - que ce dernier enfant surpassera à la fin de l'année le premier dans *toutes* les branches . d'apprendre; c'est-à-dire qu'en arithmétique ou en géographie, tant l'ingéniosité va des doigts au cerveau. Or, le raccommodage est si étroitement lié à tous les arts mineurs ou mécaniques, qu'il y entre si étroitement, qu'il en est en quelque sorte propriétaire et constitue une introduction à tous. Comme eux, il stimule l'invention ou l'ingéniosité et est peut-être d'une utilité pratique ou d'une utilité directe bien plus grande. Les garçons et les filles apprennent très volontiers à réparer et, après une longue expérience dans leur enseignement, je dois dire qu'une classe avec des expériences et un enseignement pratique sur ce qui est donné dans ce livre devrait avoir la priorité sur tous les travaux de menuiserie, de métallurgie, d'assemblage. , le travail du cuir ou toutes autres branches quelles qu'elles soient. Car c'est *plus facile* que n'importe lequel d'entre eux, et c'est d'une utilité bien plus générale, comme le montrent clairement les pages suivantes. Un tel enseignement ne coûterait presque rien en équipement et constituerait la meilleure introduction à l'enseignement technique de toutes sortes.

Il y a une immense quantité de casse dans ce monde, et pourtant, comme le fait remarquer un écrivain français sur le sujet, il y a plus de grands artistes que de bons *raccommodeurs* ; cette dernière étant si extrêmement rare qu'on en voit des preuves dans les restaurations maladroites de tous les musées d'Europe et dans la quasi-impossibilité de trouver (hors d'Italie) des hommes capables de réparer parfaitement des céramiques de première classe. Nous voyons cette ignorance dans les reproductions d'objets en ivoire délicats grossièrement coulés dans le gypse, et dans un vaste rejet et destruction d'antiquités en bois, en pierre ou en céramique, simplement parce qu'on suppose par la plus grande ignorance qu'elles sont irréparables alors qu'elles pourraient, avec des précautions *appropriées. connaissances* , être restaurées très facilement et à moindre coût, avec un grand profit. Et si le lecteur visite les « salles mortes » de n'importe quel musée en Europe et étudie ensuite ce livre, il trouvera une ample confirmation de ce que je dis.

Et je mentionnerai ici que tout collectionneur ou propriétaire d'œuvres d'art, de *bric -à- brac* ou de curiosités de toute sorte, qui maîtrise l'art du raccommodage, peut trouver un champ illimité pour faire de bonnes affaires dans presque tous les magasins de antiquités en Europe, en particulier dans les espèces les plus petites ou les plus humbles. Car il est bien loin d'être vrai que ces marchands sachent « tout raccommoder » ; au contraire, je les ai souvent trouvés très ignorants en matière de raccommodage, et je les ai souvent instruits dans ce domaine. J'ai ainsi devant moi une « Sainte Famille » du début du XVIe siècle, bas-relief en cuir estampé, de douze pouces sur huit, que j'ai payé deux francs, mais que j'aurais pu avoir pour un, étant complètement délabré, et apparemment sans valeur. En deux ou trois heures, je l'ai parfaitement restauré, et il se vendrait maintenant peut-être une centaine de francs. A côté sont suspendues une Vierge à l'Enfant, peinte sur un panneau à fond d'or, du XIVe siècle, que j'ai acheté, avec un cadre ancien très large et remarquable, tous deux douze francs. Le panneau était déformé comme un sabre , la couleur et le fond *de gesso* étaient très écaillés à de nombreux endroits. Il a été divisé en deux morceaux ; en bref, cela semblait presque sans valeur. Il est maintenant en très bon état et constituerait un ornement pour n'importe quelle galerie. En ce qui concerne la réparation des objets en céramique ou en porcelaine , du verre et de la porcelaine, l'art a fait ces dernières années des progrès remarquables, ce genre de réparation étant le plus demandé. Quant au vieux bois sculpté, si brisé qu'il soit, rongé par les vers, ou pourri, ou même manquant de gros morceaux, tant que sa forme originale est évidente, il peut être *très facilement* réparé ou restauré dans toute sa forme d'origine. beauté et intégrité, comme je vais l'expliquer en détail. Rien que dans ce domaine, il existe un vaste champ d'investissement ou de gain d'argent, car des quantités annuelles de vieilles sculptures en bois sont détruites presque partout ; car, étant très vermoulus, on les croit par ignorance irréparables. On peut en dire autant des anciens ivoires sculptés, qui sont prêts à tomber en poussière au premier contact, comme l'étaient ceux de Ninive au British Museum, mais qui sont maintenant fermes et clairs. Cela est également vrai des reliures de livres anciens, dont beaucoup sont d' une merveilleuse beauté, qu'elles soient en cuir estampé, en parchemin ou sculptées. Plus intéressante et curieuse encore est la réparation ou la restauration de manuscrits ou de papiers de toute sorte vermoulus, ou de parchemins, le processus aisé de boucher les trous étant méconnu de nombreux bibliophiles. Cet art se fait connaître en Allemagne, où il n'est pas rare d'acheter un vieux livre pour une marque, de le relier en vieux parchemin dur, de le réparer généralement pour deux ou trois, puis de le revendre, selon le sujet, pour plusieurs centaines d'euros. ou mille pour cent. profit.

Il est fort regrettable qu'elle soit si peu connue, surtout en Angleterre, que pour réparer quelques trous ou restaurer une sculpture un peu cassée et émiettée, il ne soit pas absolument nécessaire de démolir une église gothique entière et d'en reconstruire une nouvelle, comme c'est très généralement le cas. Il n'existe pas de pierre, si délabrée soit-elle, qui ne puisse être réparée très parfaitement, et cela dans presque tous les cas avec un matériau qui durcit encore plus que l'original, comme cela a été parfaitement montré à l'Exposition de Paris de 1889. Pierre délabrée les œuvres sculptées, de tous âges et de toutes sortes, qui pourraient être parfaitement restaurées à un degré que même très peu d'artistes soupçonnent, abondent en Italie, où elles peuvent être achetées pour une chanson. La chanson, il est vrai, est généralement chantée avec un petit accompagnement en argent, mais l'acheteur peut la rendre dorée pour lui-même. Car très peu savent comment restaurer un nez arraché pour que la ligne de jonction ne soit pas visible ; pourtant, même cela est possible, comme je vais le montrer. Et je puis remarquer ici que dans toutes les premières galeries et musées d'Europe, sans exception, il existe d'abondantes preuves qui prouvent que, de tous les arts, celui de la réparation et de la restauration est le moins compris et le plus étrangement négligé.

Il n'y a guère de village si petit qu'un homme ou une femme ne puisse y vivre ou gagner sa vie en réparant différents objets. Dans les villes , la demande pour ce genre de travail est bien plus grande, car là-bas les dames cassent des éventails et des bijoux coûteux , et les enfants leurs poupées et leurs jouets, pour les réparer, les « rééducateurs » ont besoin de « beaucoup d'argent », surtout aux États-Unis, où les prix pour tout ce qui est éloigné sont épouvantables.

Je supplie donc toutes les personnes dotées d'une petite part d'« ingéniosité », de tact, d'art ou de bon sens de considérer que Réparer ou Restaurer est un métier très facile à apprendre par un peu de pratique, et par lequel un vivant peut être fabriqué, même dans ses branches les plus humbles, comme le montrent les raccommodeurs de parapluies et les canneurs de chaises dans les rues. Mais le bon sens enseigne que quiconque aura maîtrisé tout ce qui est explicitement exposé dans ce livre devrait certainement être capable de gagner de l'argent, même largement ; car, comme je l'ai dit, les possibilités d'acheter, de réparer et de vendre des œuvres d'art délabrées sont innombrables, et la restauration n'est encore partout qu'à l'état rudimentaire et très peu pratiquée . Ce qui pourrait être une très grande industrie générale d'une grande utilité, employant plusieurs milliers de personnes aujourd'hui inutilisées, n'existe que de manière aléatoire et fortuite, dans la mesure où elle dépend d'autres types de travail. Mais il me semble qu'il s'agit d'un grand art en soi, dépendant de certains principes d'application générale. Et quand on considère ce qui est généralement gaspillé faute d'une bonne connaissance de ce grand art, il me semble tout à fait rationnel que si nous avions à Londres une école pour enseigner le raccommodage et la restauration dans toutes ses branches en tant que métier, avec un musée montrer au public, probablement à son grand étonnement, quelles merveilles on peut faire en renouvelant ce qui est vieux, ce serait d'un grand service au pays tout entier. Une très petite réflexion convaincra le lecteur le moins visionnaire ou le plus pratique que ce qui est gaspillé ou détruit chaque année d'œuvres anciennes de valeur, qui ne peuvent être remplacées parce qu'elles ne sont plus fabriquées, si elles sont restaurées, constituerait la base d'une grande industrie nationale. Mais il n'est encore venu à l'esprit de personne de concevoir cela, tout simplement parce que personne n'a jamais reçu une formation de restaurateur général, mais seulement d'une manière secondaire, supplémentaire, modeste, de spécialiste, généralement de bourreau. . Et je maintiens, avec une connaissance non négligeable du sujet, que les meilleurs réparateurs et restaurateurs sont de loin ceux qui comprennent la plupart des branches de leur métier. La raison en est claire ; c'est parce qu'un réparateur, lorsqu'il rencontre une difficulté imprévue, par exemple en raccommodant de la porcelaine , et découvre que les ciments utilisés ne sont pas exactement applicables, il pensera, s'il est raisonnable, à un autre adhésif utilisé dans d'autres types de travaux, ou bien d'autres combinaisons ou appareils.

Je vais jusqu'à dire qu'une exposition de spécimens montrant tout ce qui peut être fait en matière de réparation et de restauration en matière d'art céramique, de cuir, de pierre sculptée, de livres, de bois sculpté et ouvré, de moulages, de métaux, de meubles, d'éventails et de jouets, serait servira probablement de point de départ suffisant pour créer des classes et une école. Les objets doivent, lorsque cela est possible, être accompagnés d'un duplicata ou d'une photographie montrant l'état dans lequel ils se trouvaient avant restauration, sur le principe des nettoyeurs d'images, qui émerveillent le public par des contrastes si saisissants de saleté et de splendeur .

Comment tout cela peut être fait sera découvert dans ce livre, qui, j'ose suggérer, sera souvent utile dans chaque famille, ou partout où les « choses » sont cassées et usées. Pour le collectionneur de curiosités qui ferait volontiers de bonnes affaires, je le recommande sérieusement et sincèrement comme un *vade-mecum* au moyen duquel il peut littéralement gagner de l'argent dans n'importe quel magasin. Car, comme je l'ai déjà dit, si étrange que cela puisse paraître, les petits marchands de *bric -à- brac* sont généralement très ignorants de tous les curieux secrets de la restauration, ou bien ils n'ont ni le temps ni les moyens de s'occuper de tels travaux. Encore une fois, si le collectionneur a appris ce que j'enseigne ici , il détectera souvent une restauration alliée à la contrefaçon dans des antiquités coûteuses, garanties parfaites. Il a été bien observé par M. RIS- PAQUOT , dans son précieux ouvrage *L'Art de restaurer soi- même les Faïences et Porcelaines* , qu'il arrive souvent, malheureusement, que de précieuses reliques dont la valeur est immense, telles que les *les faïences* et celles de Palissy ou d'Henri II., arrivent dans les collections dans un tel état, si pitoyablement abîmées, que *de visu* nous ne pouvons les acheter parce que nous ne connaissons personne qui puisse réellement les restaurer, et parce que ce travail délicat demande tant de connaissances particulières. . Ajoutez à cela que leur grande valeur et leur rareté nous détournent de confier au premier venu ou à l'ouvrier général des trésors qu'il pourrait complètement ruiner par maladresse ou par ignorance.

J'ajouterai que je me promène rarement à Florence sans voir de vieilles *faïences usées* à vendre pour une bagatelle qui, avec un peu de retouche, de dorure et de cuisson, pourraient devenir très précieuses. Dans de tels cas, il n'y a pas lieu de se plaindre de la destruction de l'effet et de la valeur vénérables de l'antiquité. Dans ceux-ci, le matériau antique peut être légitimement utilisé comme base pour des œuvres plus récentes, surtout lorsqu'il est brisé, usé jusqu'à la moelle ou plein de trous. Maintenant, avec ce que ce livre enseigne dans son esprit, l'artiste ou le touriste se rendra très vite compte , s'il est un peu ingénieux, ou s'il peut bénéficier de l'aide d'un ami qui a même une très légère connaissance de l'art, qu'il peut achetez à peu de frais des objets qui deviendront très précieux une fois restaurés ensuite chez vous.

Comme je n'imagine aucun chef de famille, aucun marchand d'œuvres d'art diverses ou de petits objets, aucun fournisseur de meubles ou d'ameublement, à qui cette œuvre ne serait pas un cadeau des plus acceptables, je suis donc très sûr que chaque voyageur qui a des malles à réparer ou des sangles cassées à assembler, et tout émigrant qui se débat dans les forêts ou dans la brousse d'Australie ou du Canada, peut en tirer de nombreux artifices utiles, et le fait qu'avec rien de plus qu'un petit pot de colle liquide et avec un autre caoutchouc indien , il peut faire plus que ce que pourrait imaginer quiconque n'a pas étudié le sujet. Je parle de cela non sans expérience, ayant découvert qu'en tant que soldat et voyageur dans le Far West américain, mes connaissances en matière de raccommodage étaient d'une grande utilité à mes amis ainsi qu'à moi-même. Une lecture attentive de l'index de ce qui est donné ici satisfera le lecteur que ce manuel est en fait un *vade-mecum* pour presque toutes sortes et conditions d'hommes et de femmes, et qu'il n'y en a personne qui n'en serait pas reconnaissant.

Un ami ajoute à ces remarques la suggestion que cet ouvrage peut à juste titre être inclus parmi les cadeaux faits à une mariée comme aide au ménage ; et on admettra probablement qu'il se révélerait tout aussi utile que la plupart des cadeaux qui sont habituellement accordés en de telles occasions.

J'ai dit avec raison que, bien que la casse et la pourriture soient universelles, il n'existe littéralement nulle part de réparateurs généralement accomplis, c'est-à-dire d'experts qui connaissent et peuvent mettre en pratique même ce qui est exposé dans ce livre. Il existe certains réparateurs de porcelaine brisée , dont RIS- PASQUOT , LA GRANDE AUTORITÉ EN MATIÈRE DE RESTAURATION FICTIVE , déclare qu'on ne peut confier à aucun d'eux quelque chose de précieux. Il y a si peu de couturières capables de recoudre parfaitement un loyer qu'une dame « née au manoir » a payé à Rome *deux livres* , ou *cinquante lires* , pour avoir appris le point, décrit dans ce livre, par lequel cela peut être fait. . Que ce soit un grand secret pour une couturière experte et accomplie prouve que cela ne peut pas être généralement connu. Un meubleur de Londres exerçant une grande activité m'expliqua un jour avec une fierté manifeste comment il avait, à force de persuasion et de traitement, obtenu d'un autre ce qui est en réalité une des recettes les plus simples pour restaurer une tache brune. Tout cela étant vrai, il est assez évident que tout réparateur et restaurateur accompli, dame ou monsieur, ne peut guère manquer de gagner sa vie grâce à cet art ; et je crois sincèrement que c'est la simple vérité que cela est exposé dans les pages suivantes si complètement et si clairement que quiconque fera l'expérience pourra en tirer des leçons sur la façon de gagner sa vie. Il s'agit effectivement, dans toute sa plénitude, d'un nouvel art et d'une nouvelle vocation, et il est temps qu'ils soient établis.

C'est une grave erreur de supposer que les fabricants sont nécessairement de bons réparateurs de ce qu'ils fabriquent. J'ai découvert, tout comme mes lecteurs, que ce n'est pas au grand horloger qui supervise la production de milliers de montres à qui on peut faire confiance en toute sécurité pour la réhabilitation d'une montre. Car, dans neuf cas sur dix, c'est quelque frère extrêmement humble du métier, qui ne fait que réparer dans une petite boutique, qui restaure le plus admirablement votre chronomètre. Il en va de même pour les malles en dehors de l'Angleterre, puisqu'en Allemagne et en France, tout ce qui est de ce genre est invariablement bâclé avec un incroyable manque d'habileté. Cela concerne la plupart des métiers ; c'est pourquoi je crois qu'un *réparateur* général vraiment bien accompli , sérieusement dévoué à son métier dans les moindres détails et résolu à y être parfait, pourrait bientôt réparer mieux que la plupart des fabricants, puisque ces derniers, de nos jours, travaillent tous par machines ou par une vaste subdivision du travail , et non, pour ainsi dire, à la main. Mais toutes les réparations *doivent* être faites à la main. Nous pouvons fabriquer chaque détail d'une montre ou d'un pistolet avec des machines, mais la machine ne peut pas les réparer lorsqu'elle est cassée, encore moins une horloge ou un pistolet !

La valeur de ce livre apparaîtra à quiconque sait à quel point il existe peu de bonnes réparations en Europe. Depuis que j'ai écrit les pages précédentes, j'ai parcouru les galeries du Vatican et de nombreux autres musées et j'ai été étonné de la manière grossière , ignorante et maladroite avec laquelle la *grande majorité* des statues antiques et autres objets d'une immense valeur ont été réparés. Dans la plupart des cas, il n'y a aucune prétention de dissimuler les lignes de réparation, et lorsque cela a été tenté, cela a échoué par ignorance des recettes et des instructions que l'on peut trouver dans cet ouvrage.

MATÉRIAUX UTILISÉS POUR LA RÉPARATION

« *Il existe de nombreuses recettes admirables et pratiques* (Hausmitteln), *qui ne sont souvent connues que dans certaines familles* . » – Die Natürliche Magie. Par JOHANN C. WIEGLEB , 1782.

L'art de raccommoder ou de réparer peut être décrit en gros comme s'effectuant , premièrement, par des procédés mécaniques, tels que ceux employés par les charpentiers pour clouer et assembler, pour broder à l'aiguille, et pour travailler le métal avec des touffes ou pour souder ; et, deuxièmement, par des moyens chimiques. Ces derniers sont constitués de *ciments* et *d'adhésifs* , qui sont pourtant en réalité la même chose. Cette colle, ou gomme, est un adhésif ou *un autocollant* ; c'est-à-dire une substance simple qui fait adhérer deux objets. Le même, combiné avec de la poudre de craie ou de verre, serait un CIMENT . Ce dernier terme est encore une fois appliqué de manière assez générale et vague par beaucoup, non seulement à tous les adhésifs, mais aussi, plus correctement, à toutes les substances molles qui durcissent, telles que le ciment Portland, le mortier et le mastic, et qui sont souvent utilisées seules pour former des objets. , comme les « briques » et les pièces moulées ; mais ces derniers, ayant aussi la qualité de faire office d'adhésifs ou d'autocollants, sont naturellement considérés comme étant les mêmes.

Comme on le verra rapidement dans le grand nombre de recettes de raccommodage qui seront données dans ce livre, il y en a beaucoup qui se produisent fréquemment dans des combinaisons différentes ; il sera donc conseillé et indispensable à ceux qui souhaitent maîtriser le raccommodage en tant qu'art de les indiquer comme base.

Comme SIGMUND LEHNER l'a observé dans son précieux ouvrage sur *Die Kitte- und Klebemittel* , il y a eu un si grand nombre de recettes publiées ces dernières années pour des adhésifs dans divers travaux technologiques que la combinaison des matériaux habituels dépend presque du jugement de l'expérimentateur. , et chaque opérateur pratique apprendra bientôt à créer ses propres inventions. Ces matériaux, selon STOHMANN , peuvent être classés comme suit :

JE. Ceux dont LE PÉTROLE est la base.

II. Résine ou poix.

III. Caoutchouc (caoutchouc indien) ou gutta-percha.

IV. Gomme ou amidon.

V. Chaux et craie.

LEHNER étend la liste comme suit aux adhésifs ou ciments : -

JE. Pour le verre et la porcelaine sous toutes leurs formes.

II. Pour métaux non exposés aux changements de température.

III. Pour les poêles et fournaises, ou les objets exposés à la chaleur.

IV. Pour appareils chimiques et objets exposés à des liquides corrosifs.

V. Luting ou ciments, pour protéger les récipients en verre ou en porcelaine de l'action du feu.

VI. Ciments pour préparations microscopiques, pour obturation des dents et travaux similaires.

VII. Ceux pour objets spéciaux, tels que ceux en écaille de tortue, en écume de mer (ivoire), etc.

LES HUILES sont divisées en celles (comme l'olive) qui ne deviennent jamais dures, et les graines de lin, qui, avec le temps, sèchent pour donner une substance semblable à de la gomme. Ces dernières combinées à une grande variété de substances minérales, telles que le plumbago, la chaux calcinée, la magnésie, la craie, l'oxyde de fer rouge, la stéatite, ou avec des vernis, forment des « savons » insolubles qui, comme des ciments, résistent à l'eau. Ils mettent beaucoup de temps à *prendre* ou à devenir durs.

LES RÉSINES et LES GOMMES comprennent un grand nombre de substances, telles que la résine ou la poix dure, distillée à partir des pins ; gomme-laque, mastic, élémi, copal, gomme kauri, ambre, gomme arabique , dextrine à base de farine, gomme de pêcher et de cerisier, et de nombreux autres arbres. A ceux-ci peuvent s'ajouter l'encens et l'adragante, qui sont moins un adhésif qu'un raidisseur et un dresseur. Les gencives sont généralement plutôt cassantes ; on y remédie en combinant des substances huileuses, des huiles volatiles ou du caoutchouc. Avec ces gommes, LEHNER inclut de l'asphaltum . Le défaut de ces adhésifs est, comme il le remarque également, qu'ils ne résistent pas aux températures *élevées* . Toutefois, cela s'appliquera à la plupart des objets.

VERNIS. — Cela appartient proprement aux gencives, mais est techniquement considéré comme un matériau distinct. C'est de la gomme en solution dans de la térébenthine ou de l'alcool. Pour plus de détails, voir *Die Fabrikation der Copal- Terpentinöl und Spiritus-Lacke* , par LE Andés ; Leipzig, prix 5 m. 40pf.

LE CAOUTCHOUC et LA GUTTA-PERCHA sont des gommes qui, une fois dures, restent élastiques et résistent à l'action de l'eau. J'ai lu qu'on en faisait une imitation parfaite ou un substitut à la térébenthine, mais je ne l'ai pas vu, bien que j'aie rencontré de la colle à base d'huile et de térébenthine, qui leur ressemblait beaucoup par l'élasticité ou la flexibilité. Réduites à l'état liquide avec de l'éther, de la benzine, etc., ces gommes peuvent être conservées longtemps à l'état liquide, puis durcies sous n'importe quelle forme par exposition à l'air. Ils entrent dans une très grande variété de ciments, tels que ceux destinés à être résistants ou imperméables. Le caoutchouc indien est, dans l'ensemble, le meilleur, et la gutta-percha, la moins chère, pour les ciments.

COLLE. — Ceci est fait, par ébullition, à partir de cornes et d'os ; c'est essentiellement la même chose que la gélatine. C'est le plus connu de tous les adhésifs et il peut être modifié par certains adjuvants pour s'adapter à presque toutes les substances. Il a la particularité de toujours être bouilli dans un *bain . mariæ* , ou dans une bouilloire dans de l'eau chaude dans une autre bouilloire. Sa force est considérablement augmentée par un mélange avec de l'acide nitrique ou du vinaigre *fort* . Au sujet de la colle dans tous ses rapports, le lecteur pourra consulter *Die Leim- und Gelatine- Fabrikation* , ou « La Fabrication de la Colle et de la Gélatine », de F. Dawidowsky ; Vienne, prix 3s.

FARINE-PÂTE ET AMIDON- PÂTE. — Ces mélanges, quoique généralement utilisés pour des travaux faibles, comme pour faire adhérer des papiers, peuvent être très fortifiés par mélange avec de la colle et des gommes. Combinés avec certaines substances, telles que le papier, les poudres minérales et *l'alun* , ils, soumis à la pression, deviennent intensément durs et résistent non seulement à l'eau mais à la chaleur, lorsqu'elle n'est pas excessive. Également combinés avec des vernis, ils sont décidément résistants . LEHNER en parle comme s'ils étaient périssables quelles que soient les conditions.

D'ESTURGEON . — On classe ainsi les vessies de plusieurs espèces de poissons. Coupé en petits morceaux et dissous dans de l'alcool, il constitue un adhésif très puissant, qui se mélange à bien d'autres.

LA CHAUX est le ciment le plus utilisé au monde. Combiné avec de l'eau, il forme du mortier. Il s'unit à de nombreuses substances, comme la caséine ou le fromage, le blanc d'œuf et le silicate de soude, pour fabriquer de puissants ciments mineurs. Au sujet de la chaux, le technologue pratique devrait consulter *Kalk und Luftmortel* , du Dr Herrmann Zwick ; Vienne, A. Hartleben, prix 3 shillings, dans lequel tous les détails du sujet sont donnés dans leur intégralité.

ŒUFS. — Le jaune, et plus particulièrement le blanc des œufs, est quelquefois employé comme adhésif, et il entre dans la composition de beaucoup de ciments très-excellents. Pour plus de détails sur la chimie et la technologie de ce matériau, consultez *Die Fabrikationen von Albumin- und Eierkonserven* (Un compte rendu complet des caractéristiques de toutes les substances de l'œuf, de la fabrication de l'œuf et de l'albumine sanguine, etc.), de Karl Ruprecht ; Vienne, A. Hartleben, prix 2s. 3d.

SUBSTANCES NEUTRES OU MATÉRIAUX LIANTS. — Presque toutes les substances difficilement solubles dans l'eau, et beaucoup qui, provenant de la poussière ou de la terre commune, ou de l'argile, du sable, de la craie, de la poudre de coquilles d'œufs, de la sciure, de la poudre de coquilles, etc., lorsqu'elles sont combinées avec certains adhésifs, forment des ciments. . Cela est parfois dû à une combinaison chimique, mais plus fréquemment à une union mécanique. Dans ce dernier cas, l'adhésif accroché à chaque grain séparé a plus de points d' adhérence, tout comme un homme qui s'accroche des deux mains à deux poteaux est plus difficile à enlever que s'il le tenait par un seul.

CASÉINE OU FROMAGE. — Celui-ci, sous plusieurs formes, mais principalement sous forme de caillé, en combinaison avec plusieurs substances, mais surtout avec de la chaux ou du borax, forme un ciment très précieux. Il est également combiné avec *une lessive forte* et du silicate de soude. Il ne faut cependant pas trop compter sur lui comme résistant à l'eau ou à la chaleur.

LE SANG , généralement de bœufs ou de vaches, combiné à de la chaux, de l'alun et des cendres de charbon, forme un ciment solide et durable.

LA GLYCÉRINE forme la base, avec le plumbago, etc., de plusieurs ciments. Comme l'huile, elle rend la colle souple et partiellement imperméable. Pour des détails chimiques sur ce sujet, voir *Das Glycerin* , par JW Koppe, Leipzig.

LE GYPSE est combiné avec de nombreuses substances pour former des ciments, dont certains ont une grande et particulière valeur.

FER pulvérisé est la base d'un grand nombre de ciments très durables et très résistants.

L'ALUN peut être inclus parmi les bases, car il est très important dans plusieurs compositions, formant un puissant auxiliaire chimique. Il est excellent pour aider à résister à la fois à l'humidité et à la chaleur. Pour un ouvrage exhaustif sur l'alun, consultez *Die Fabrikation des Alauns* , etc., de Frédéric Junemann, qui devrait être soigneusement étudié par tous ceux qui travaillent dans les ciments.

Il existe à ceux-ci un très grand nombre d'auxiliaires « indifférents » ou mineurs, tels que le sucre, le lait, le miel, l'alcool de vin, l'eau, l'ocre, le galbanum, le tanin, l'ammoniaque, le feldspath, le plombbago, le soufre , le vinaigre, le sel, le zinc (blanc), terre d'ombre, bismuth, étain, cadmium, argile, cendres, etc., qui sont indispensables dans certaines combinaisons.

LA DEXTRINE , gomme de farine ou d'amidon, ou *Leiokom* , ressemble beaucoup à la gomme arabique , mais elle est plus cassante. Son adhésivité dépend dans une certaine mesure de la manière dont il est dissous. «Il est», dit LEHNER , «préparé en chauffant de l'amidon qui a été humidifié avec de l'acide nitrique; aussi en chauffant la pâte avec de l'acide sulfurique très dilué

.

LA CIRE , dont celle d'abeilles ainsi que la paraffine, est utilisée dans les réparations et entre dans la composition de plusieurs ciments. Consultez à ce sujet *Das Wachs* , ou « La cire et ses applications techniques », de Ludwig Sedna ; Leipzig, 2s. 6j.

SILICATE DE SOUDE OU VERRE LIQUIDE. — Celui-ci est généralement vendu sous forme d'un liquide très dense. On le prépare en mélangeant du sable de quartz ou de silex avec de la soude, ou plus rarement avec de la potasse. «C'est», explique LEHNER , «un verre qui se distingue des autres verres par sa facilité de dissolution dans l'eau. On pense qu'il s'agit d'une invention très moderne ; mais j'ai vu des verres vénitiens du quinzième siècle qui semblaient en être peints, ou quelque chose de très semblable ; et j'ai trouvé des indications décisives de sa connaissance chez deux écrivains du XVIe siècle, WOLFGANG HILDEBRAND et VAN HELMONT . Selon Wagner, il existe trois sortes de verre liquide. En soi, le verre liquide ne peut être utilisé que pour réparer le verre ; mais lorsqu'il est combiné avec d'autres substances, telles que le ciment, la chaux calcinée, ou l'argile, ou le verre, en poudre, il forme un corps dur comme la pierre, ou un silicate double, qui résiste fortement aux influences chimiques. Il occupe la première place comme adhésif pour le verre et n'est pas non plus surpassé comme ciment sous forme solide. A ce sujet, voir *Wasserglas und Infusorienerde* , etc., de Hermann Krätzer ; Vienne, 3s.

CIMENT NATUREL OU CHAUX HYDRAULIQUE. — Ceci est connu de tous les lecteurs sous le nom de ciment Portland, mais on en trouve de différentes qualités dans de nombreux pays et il est également fabriqué artificiellement. Certaines substances minérales ont la qualité, lorsqu'elles sont réduites en poudre et combinées avec de l'eau, de durcir comme de la pierre ; d'où le nom *hydraulique* . J'ai vu à Budapest des articles en ciment Portland fabriqués en Hongrie qui égalaient en apparence une fine ardoise noire ou du marbre et, bien que beaucoup moins cassants, étaient en fait à tous égards plus durables et plus résistants à l'exposition. Ces ciments artificiels peuvent être largement incorporés à des substances indifférentes, comme le sable ; ils nécessitent cependant une cuisson intense et peuvent par conséquent être considérés comme une sorte de vaisselle fictive.

Le ciment Portland est traité de manière très approfondie chez *Hydraulischer Kalk et Portland Cement* (dans toutes leurs relations), par le Dr H. Zwick.

LA GOMME ADRAGANTE , bien qu'elle soit appelée gomme, n'est en réalité rien de tel, n'étant pas un véritable adhésif. C'est le produit de l' *Astragalus verus* , un arbre que l'on trouve en Asie. Il gonfle dans l'eau et se ramollit, mais sans se dissoudre. Il s'agit plus d'un glaçage que d'une pâte ; c'est pourquoi il est largement utilisé par les confiseurs, les relieurs ou pour rigidifier les lacets. Il entre cependant dans la composition de plusieurs ciments.

LE PAIN peut être classé comme une matière à part entière, car il tire certaines vertus particulières de la levure qui provoque sa fermentation. Avec certaines combinaisons, il devient cireux ou dur et peut être utilisé avantageusement dans de nombreuses réparations ainsi que pour le modelage. Il a le grand avantage d'être facile à travailler et toujours à portée de main.

LE CELLULOÏD est traité dans cet ouvrage sous le titre de l'ivoire artificiel. Il est fabriqué à partir de coton gun et de camphre. Pour des informations complètes à ce sujet, consultez *Das Celluloid* , ou « Le celluloïd, ses matières premières, sa fabrication, ses particularités et ses applications techniques, etc. », par le Dr Fr. Böckmann , Vienne et Leipzig.

LES POMMES DE TERRE , pelées et écrasées, et conservées pendant trente-six heures dans un mélange de huit parties d' acide sulfurique pour cent d'eau, puis séchées et pressées, forment une substance blanche et dure, très semblable à l'ivoire, ou, comme on peut le dire. disons, comme le buis blanc. LEHNER exprime ses doutes quant à savoir si des pipes artificielles en écume de mer ont jamais été fabriquées avec cette substance, mais je les ai vues et je peux témoigner qu'elles ressemblaient à de l'écume de mer et étaient certainement beaucoup plus dures que la *bruyère* ou le bois de bruyère. Je ne peux pas dire s'ils « coloreront ».

Le principe par lequel les pommes de terre, le papier et bien d'autres substances peuvent être durcies comme le parchemin ou la corne est curieux. Les pommes de terre représentent environ soixante-dix pour cent. eau et vingt-cinq pour cent. d'amidon, le reste étant constitué de sels et *de cellulose* , qui forme des cellules entourées de grains d'amidon. «Quand une telle substance est mise pendant quelque temps en contact avec de l'acide sulfurique dilué , il en résulte simplement une contraction des cellules» (*c'est-à-dire* un durcissement), «ou une sorte de parcheminement ». Ainsi le papier mou est transformé en parchemin.

Il est évident que la chimie en est encore à ses balbutiements en ce qui concerne la transformation de la cellulose par l'acide en substances dures.

Puisque le coton, le papier et les pommes de terre produisent tous par ce procédé des substances différentes, il est probable que des centaines de substances organiques, ou du moins végétales, donneront toutes de nouvelles formes.

Il existe une différence marquée entre les pâtes à base d' *amidon* ou *de farine* , chacune ayant ses mérites particuliers. Le premier est principalement préparé à partir de pommes de terre. Pour préparer le ciment, on le mélange avec un très peu d'eau, en le remuant très soigneusement jusqu'à ce qu'il prenne un aspect bleuâtre. Un peu plus d'eau chaude est ensuite ajoutée et la masse laissée jusqu'à ce qu'une teinte opale indique qu'elle s'est formée. Ajoutez ensuite à cela de l'eau chaude *à volonté* . Comme il est presque incolore en couches très fines, il est largement utilisé pour lustrer et donner du corps ou du poids, et souvent simplement pour falsifier, des tissus qui, par son aide, semblent plus lourds. Pour augmenter ce poids, de la céruse et d'autres substances sont utilisées.

Pour obtenir la meilleure pâte de farine, la farine doit être pétrie dans un sac sous l'eau jusqu'à ce que tout l'amidon soit emporté. Ce qui reste est une substance étroitement liée à la caséine , ou au blanc d'œuf. Associé à la chaux, il forme un ciment dur. Un très léger mélange d'acide carbolique (également d'huile de clou de girofle) empêchera la pâte de se dégrader ou de se décomposer. Cet acide a la propriété de détruire la végétation infime qui constitue la fermentation, de même que d'autres odeurs ou parfums forts sont censés désinfecter les chambres, etc.

Un très grand nombre d'autres ingrédients, tels que les oxydes de plomb ou de zinc, le manganèse, la baryte, le soufre, le sel ammoniac , le silex, l'argile, le sel, l'ocre, le vernis, le galbanum ou l'encens, entrent dans certaines recettes, mais ceux-ci entrent dans certaines recettes. déjà donné peut être considéré comme constituant de loin la partie principale de tous les ciments d'usage ordinaire.

RÉPARATION DE PORCELAINE CASSÉE, DE PORCELAINE, DE VAISSELLE, DE MAJOLIQUE, DE TERRE CUITE, DE BRIQUE ET DE CARREAUX.

Les articles fictiles ou céramiques englobent grosso modo tout ce qui est constitué d'argile, de bases ou de matériaux minéraux, et qui est ensuite cuit pour lui donner de la dureté. Plus le matériau est de qualité et plus la chaleur est intense, ou plus le nombre de cuissons auxquelles la plupart des espèces sont soumises est grand, plus elles seront dures et durables. La vieille porcelaine qui a précédé la porcelaine, un grand nombre de spécimens d'anciens ustensiles romains et, pour un exemple plus moderne, de vieilles majoliques italiennes et des pichets à vin hongrois, fabriqués en moins d'un siècle, sont aussi durs que la pierre. Ils s'écaillent beaucoup avant de se briser, tout comme l'agate pourrait le faire.

LA TERRE CUITE est simplement de la terre ou de l'argile « cuite ». Dans la plupart des exemples connus sous le nom de terre cuite, la terre prédomine. L'argile pure et fine, bien cuite, est supérieure à ce qu'on appelle généralement terre cuite. Nous ne pouvons pas non plus vraiment classer avec lui les articles fabriqués en ciment Portland de qualité supérieure, dont, comme je l'ai dit, j'en ai vu beaucoup fabriqués à Budapest qui ressemblaient à la plus belle ardoise dure.

De nombreux écrivains confondent la majolique avec la faïence ; d'autres considèrent cette dernière comme ce que nous devrions appeler de la vaisselle, ou des ustensiles qui se situent entre la terre cuite vernissée et la porcelaine.

LA MAJOLIQUE est généralement constituée de terre cuite recouverte d'une glaçure. Une glaçure est une substance fusible, on pourrait dire une sorte de verre, mêlée de matière colorante , qui est à la fois une protection et un ornement. L'émail est du verre en fine poudre fondue, utilisé généralement sur du métal ou seul. La base de la peinture est une substance fusible par la chaleur qui est mélangée à des couleurs également fusibles. Ainsi , lorsque la peinture est soumise à la chaleur, elle fond, adhère et devient permanente. L'émaillage, l'émaillage et la peinture sur porcelaine sont essentiellement les mêmes.

La terre cuite n'est pas difficile à réparer. Je peux mieux illustrer cela par un exemple. Un ami m'a offert un jour un vase en terre cuite provenant de la pyramide de Cholula, au Mexique. Ceux-ci sont censés être d'une très grande antiquité. Celui-ci contenait un fragment de poterie, probablement une relique sacrée d'un style plus grossier, et je suppose d'époques bien antérieures. Le vase, cependant, avait été réduit en miettes et son propriétaire était sur le point de le jeter, le considérant comme sans valeur. Je le lui ai supplié. Dans un premier temps, j'assemble les pièces principales en utilisant, pour les faire adhérer, de la colle à l'acide nitrique. Pour un travail plus fin, j'aurais dû utiliser du ciment turc ou le meilleur mastic de gomme dissous dans de l'alcool ou de la colle de poisson. Pièce par pièce, avec soin, j'ai reconstruit l'ensemble.

Il manquait cependant un morceau d'environ trois pouces carrés. J'ai collé avec beaucoup de soin un morceau de papier à l'intérieur du vase pour faire un *dos* , puis j'ai versé dessus du plâtre de Paris liquéfié avec de l'eau. Pour rendre cet *ensemble* dur, le plâtre ou *le gesso* doit être fabriqué avec de l'eau d'alun brûlée et de la gomme arabique dissoute . Cela a exactement fourni la pièce manquante.

Une fois terminé, j'ai comblé tous les bords cassés et autres cavités avec la pâte à plâtre, qui durcissait encore plus que la terre cuite. La couleur extérieure du vase était d'un noir rouille rougeâtre. J'ai peint le tout avec une couleur correspondante ; c'est-à-dire que je l'ai frotté avec le pouce, ce qui est très différent de la simple peinture. Par cimentage et frottement, j'ai tellement restauré l'ensemble que la réparation était à peine perceptible. Ce processus est réalisé à la perfection en Italie avec des objets étrusques brisés.

Je puis remarquer ici, en ce qui concerne *le frottement à* l'huile ou à l'aquarelle , qu'il est peu connu ou peu pratiqué , mais il est d'une grande valeur en restauration lorsqu'on veut produire certains curieux effets d'antique. J'ai connu un jour à Rome un artiste qui avait acheté pour une bagatelle une vieille *baule* ou un vieux coffre sculpté. En frottant soigneusement dessus les nuances de jaune et de brun de Naples, et en frottant ensuite, il lui avait fait ressembler étrangement à du vieil ivoire. Une simple peinture, aussi habile soit- elle, ne lui aurait pas donné son aspect ivoire antique. Le même artiste avait acheté une ou deux grandes jarres à vin en terre cuite jaunâtre. Il dessinait dessus des figures classiques, découpait un peu les contours au ciseau et à la lime, et lissait les figures avec du papier de verre, ivoireissait également le tout en *frottant.* couleur . Ce n'était que quelques heures de travail, et pourtant l'effet était saisissant. Ce qui n'avait coûté que quelques francs se serait vendu des centaines. Je dois ajouter qu'avec l'aide d'un vernis flexible pour retouches fines, ce processus pourrait être grandement facilité. Quiconque sait dessiner ou peindre peut tenter cette expérience sur n'importe quel vieux morceau de bois sculpté ou sur une faïence grossière jaune. Lisser ce dernier d'abord avec du papier de verre, puis frotter couleurs . Il en va de même pour les sculptures anciennes en marbre.

Tous ces appareils sont utiles au restaurateur. En matière de restauration des terres cuites, le domaine est vaste et rentable. Non seulement en Italie, mais même à Londres, on trouve à vendre pour une bagatelle des vases étrusques brisés ou des objets similaires, extrêmement faciles à restaurer. Ce sont généralement de l'argile rouge ou jaune clair cuite. Si vous avez, disons, un vase fracturé, procurez-vous de l'argile de la même couleur — si vous ne pouvez pas l'obtenir facilement, prenez de la pâte à pipe — et colorez -la avec une forte infusion de rouge ou de jaune, bien que cela ne soit pas nécessaire si l'extérieur est noir. Mélangez bien l'argile avec de la colle ou de la gomme arabique et de l'eau d'alun, comblez les portions manquantes et laissez-les durcir. Avec un peu de soin et de pratique, des restaurations remarquables peuvent ainsi être réalisées. Je puis ajouter ici qu'avec cette composition, on peut revêtir des bouteilles, des carafes et des tasses qui, une fois peintes ou frottées, ressemblent exactement à de la poterie étrusque ou à d'autres poteries anciennes. Pour éviter les fissures, ils doivent d'abord être peints avec une peinture à l'huile épaisse et grossière mélangée à du sable ou de la terre d'ombre, qui forme un fond. Laissez sécher - le plus longtemps sera le mieux - puis frottez finement la gomme et l'argile. Il existe une autre composition de *blanc d'Espagne*, ou merlan, et du silicate de soude, qui durcit encore plus fort, mais qui est un peu plus difficile d'abord à travailler, et qui peut servir à une telle restauration. Celui-ci peut être peint directement sur verre pour un fond.

La majolique ou *la faïence* peuvent généralement être assez bien réparées avec de la colle acidulée, mais comme cette dernière communique souvent une tache sombre, il est préférable d'utiliser pour la vaisselle fine, ou toute autre qui doit être utilisée, le ciment dit turc. La meilleure qualité est celle de la gomme-mastic de la meilleure qualité dissoute dans l'alcool. Il est si tenace qu'en Orient, les pierres précieuses sont souvent directement attachées au métal par son intermédiaire, et elles se brisent souvent plutôt que de s'en séparer. La plupart des pharmaciens en ont à vendre, ou en prépareront pour vous, sous une forme ou une autre. Le silicate de potasse et de merlan peut également être fourni par les pharmaciens ; il faut les mélanger avec beaucoup de soin, de manière à former une pâte moyenne, puis les utiliser rapidement et avec habileté, car ce ciment durcit très vite. Il s'agit cependant d'un liant très puissant et aussi dur que le verre.

Après avoir assemblé et cimenté les morceaux brisés d'une tasse ou d'un vase, ils doivent être maintenus en place jusqu'à ce que le ciment sèche. Cela se fait au moyen de nombreux artifices, pour lesquels l'opérateur doit faire preuve d'une inventivité originale. Premièrement, les pièces peuvent souvent être simplement liées, ou fixées par des morceaux de ruban adhésif, de parchemin ou de papier collé. Dans d'autres cas Inde - les élastiques sont utiles. Encore une fois, des morceaux de bois, ou des bâtons et des fils, sont des objets utiles. Un lit de cire est généralement une protection sûre. Il est préférable de le faire avec beaucoup de soin et de ne pas compter avec impatience sur le fait de maintenir les morceaux ensemble avec les doigts jusqu'à ce qu'ils collent. C'est souvent la partie la plus difficile de toute l'opération ; cela doit donc être fait correctement et délibérément. Et ici on peut remarquer que, comme en chirurgie, les cas de fracture les plus compliqués peuvent être étudiés et réglés ; c'est pourquoi j'ose dire que des chirurgiens habiles seraient de bons raccommodeurs de vaisselle, de même que les bons astronomes sont toujours de bons tirailleurs.

Lorsque les morceaux cassés sont ajustés et que tout est sec, il reste les éclats, les creux, les bords irréguliers et les « poils », comme les Français les appellent, ou lignes de jonction, à combler et à lisser. Cela se fait avec le ciment que l'on emploie, selon la qualité du matériau, soit du plâtre et de la gomme arabique , du silicate et du merlan, soit de la craie en poudre. Certains experts y parviennent avec du blanc d'œuf et de la chaux vive finement pulvérisée, qui tient bien, mais qui demande de l'habitude pour amalgamer. Remplissez soigneusement les cavités en appuyant bien sur le ciment, comme le faisaient les Romains, avec un bâton ou une pointe. Lorsque tout est lisse, peignez les espaces vides et vernissez avec Sohnée n°3 ou avec une légère couche de silicate. Le vernis copal fin est plutôt plus résistant ou moins cassant.

Le procédé le plus minutieux de tous consiste à unir les fragments avec un *flux vitreux ou métallique* , tel que le silicate (il y en a plusieurs), puis à faire cuire ou cuire l'œuvre. Il peut ensuite être peint avec des couleurs de porcelaine sous glaçure, puis cuit à nouveau. Comme c'est très délicat, difficile et coûteux, peu d'amateurs prendront la peine de l'essayer. Elle est cependant parfaite et grâce à elle la réparation la plus complète peut être effectuée . Les Japonais le font simplement avec le chalumeau, au moyen duquel ils fixent les poudres d'émail même sur le bois. Cette utilisation de la pipe est également difficile, mais on dit que les anciens Romains utilisaient ce procédé pour la plupart des travaux mineurs. Comme un fil de verre fond dans une bougie, et comme la fine poudre de verre est également fusible, on comprend que sous la flamme d'un chalumeau cette dernière peut souvent fondre pour servir à la restauration.

Vaisselle, ou Faïence, et Porcelaine. — La « vaisselle », par laquelle nous entendons communément des articles tels que ceux des assiettes en saule bleu, est de loin supérieure à la terre cuite, puisque son *noyau* ou base est mince et très dur, et son brillant d'une description différente, et plus encore. incorporé au corps; ou bien il s'agit d'un seul corps supérieur.

La porcelaine diffère entièrement des deux autres sortes d'articles fictiles, car elle est un composé minéralogique élaboré, sa base étant *le kaolin* , une substance friable, blanche et terreuse, exigeant un grand soin dans sa préparation, et *le pétunse* , ou feldspath, qui est uni au *kaolin* . . Le résultat est une vaisselle diaphane très délicate et belle, ou à travers laquelle la lumière passe à un degré limité. La vaisselle et la porcelaine sont beaucoup plus difficiles à réparer, en raison de l'impossibilité, notamment pour ces dernières, de faire disparaître les fractures.

Le premier et le plus simple processus de réparation des deux types d'articles consiste à faire de petits trous avec une perceuse le long des bords de la fracture, puis, en ajustant les fragments, à les lier ensemble avec du fil. M. RIS- PAQUOT prétend que « l' honneur de cette découverte appartient proprement à un humble et modeste ouvrier nommé DELILLE , du petit village de Montjoye , en Normandie ». Mais l' archéologue dira de cette affirmation, comme le juge anglais d'une autre similaire, que le demandeur pourrait tout aussi bien demander un brevet pour avoir découvert l'art de mélanger l'eau-de-vie avec de l'eau, puisqu'il n'y a probablement jamais eu encore de sauvage qui ait du fil de fer, ni même de la ficelle, qui ne savaient pas assez réparer les calebasses, les jarres et les tuyaux cassés par cette solide méthode de couture. Depuis l'époque où les grands bols à punch en terre furent utilisés pour la première fois en Europe, on les trouve réparés avec du fil d'argent. Il est inutile de consacrer des pages entières d'illustrations, comme l' a fait M. RIS- PAQUOT , pour montrer comment opérer de tels raccommodages. Les trous sont faits avec un alésage ou une perceuse à main, comme on peut en acheter dans tous les magasins d'outillage. Si le lecteur parvient à en obtenir un et à l'expérimenter sur n'importe quelle assiette d'un sou ou sur un fragment brisé, il maîtrisera bientôt tout le mystère. Le fil est fixé par un tour avec une paire de pinces ou de tenailles. Avant de fixer, laver les bords de la vaisselle avec du blanc d'œuf dans lequel on a mélangé un tout petit peu de merlan, ou de chaux finement pulvérisée ou de plâtre de Paris.

Je peux ici observer que le fil pour percer la porcelaine doit être demi-rond ou plat d'un côté. Pour préparer cela, prenez du fil de laiton, disons d'une longueur d'environ deux pieds, et, en tenant un vieux couteau, tirez le fil fermement et régulièrement contre lui.

Il existe une infinité de ciments vendus en pharmacie, tous garantis parfaits, pour réparer le verre et la porcelaine , et la plupart d'entre eux répondent en effet très bien à cet objectif, car la nature nous a donné de nombreux matériaux pour réparer les accidents. Ainsi, même faire bouillir dans du lait suffit souvent à réunir les bords cassés. Mais je crois que de tous, le ciment turc déjà décrit, qui est fait de gomme MASTIC (terme improprement appliqué en France au mastic, par les Américains à l'enduit à la chaux des maisons, et par les Levantins à l'alcool contenant de la résine), est le plus adhésif et résistant à la chaleur, au froid ou à l'humidité.

L'art de raccommoder ne consiste pas tant à savoir comment utiliser un ADHÉSIF (puisque, comme je l'ai dit, chaque pharmacie en regorge) qu'à savoir avec habileté et tact avec lequel les fragments sont rassemblés et maintenus ensemble, les parties manquantes étant fournies, et à connaître la substance avec laquelle remplir un vide. Il y a des cas dans lesquels, lorsqu'un trou a été percé dans une assiette de porcelaine ou de verre, on peut le percer tout autour et y insérer un disque de la même substance ou couleur, ou même d'une autre. C'est presque un art en soi, et grâce à lui, des effets très singuliers et très curieux peuvent être introduits ; comme, par exemple, lorsqu'un certain nombre de trous sont percés dans une assiette de porcelaine blanche et ensuite remplis de disques de couleurs colorées . porcelaine , agate, corail, etc. En Orient, les perles de turquoise et de corail sont ainsi souvent serties dans la porcelaine, ainsi que dans le bois. Le mastic ou la colle acidulée permet de faire tenir fermement les objets insérés.

De même que le fumeur, lorsqu'il brise sa pipe en travers du tuyau, la fait réparer avec une courte lame ou un tube d'argent, de même lorsqu'un pot de porcelaine est brisé en travers du col, la réparation peut être cachée par un collier d'argent, ce qui est parfois un grand signe. amélioration; comme, par exemple, lorsqu'on arrache la tête d'un chien de porcelaine , ou même d'un homme de porcelaine . Mais dans un grand nombre de cas, et dans tous ceux où ce genre de dissimulation est conseillé, on peut le faire, comme pour la femme de César, au-delà de tout soupçon, en fabriquant un collier ou un ornement de dissimulation, ou une feuille ou une fleur, en silicate et en merlan, de manière à ressembler à la vaisselle elle-même, ce qui peut être très joliment réalisé.

LE SILICATE DE SOUDE est quelquefois vendu sous forme d'un solide sec, qu'on place dans un peu de vinaigre et qu'on réchauffe. Une fois dissous, il peut être utilisé *à volonté* . Il est souvent utilisé comme vernis pour la pierre.

Il existe une curieuse vieille histoire sur la réparation de la vaisselle cassée au moyen de la magie – ou plutôt par la tromperie – qui, même si elle n'est pas de nature pratique, est au moins amusante. Cela est partiellement raconté dans un livre publié vers 1670, intitulé *Joco- Seriorum. Naturæ et Artis Magiæ Naturales Centuriæ Tres* . Il arriva une fois à Mergentheim qu'il y avait une grande foire, où toute la cour du palais était pleine de vases en faïence à vendre *ab assidentibus. muliebibus* (par les femmes servantes). Voyant cela, le prince de Mergentheim se promenait parmi ces femmes et faisait en sorte qu'elles divisaient tout leur stock en deux parties, ou en doubles exacts, dont elles cachaient la moitié, tandis que l'autre moitié était exposée à la vente. Pendant le dîner, le prince parlait beaucoup de magie et prétendait être capable de produire un tel délire dans l'esprit des gens qu'ils se comporteraient comme des fous. « Ainsi, par exemple, dit-il en désignant la fenêtre avec désinvolture, vous voyez toutes ces femmes. Je peux les rendre fous d'un coup. Sur quoi quelqu'un qui était présent paria une belle voiture et quatre chevaux que le prince ne pourrait pas le faire. Ce dernier sourit, agita la main et lança un sort, quand voilà ! tout à coup, les marchandes commencèrent, *plus bacchantium* — *comme* des Bacchantes enragées — à attaquer leur vaisselle avec des bâtons et des tabourets, à la jeter et à la briser en morceaux.

Celui qui avait parié sur le char protesta qu'il s'agissait d'un tour arrangé d'avance. Le prince répondit : « Eh bien, les pots sont tous cassés. Si je peux les réparer à nouveau par un sort, croiras-tu alors ? L'autre dit : « Très certainement. » Puis le Prince agita sa baguette et dit : « C'est fait. Descendons dans la cour et voyons. Et là, bien sûr, ils retrouvèrent les pots tous entiers – du moins ils en découvrirent d'autres exactement semblables à leur place.

La légende raconte que le prince , bien qu'il gardât la calèche et les chevaux comme trophée, les paya généreusement. L'auteur des *Tres Centuriæ* , qui ne raconte pas le secret du petit arrangement, déclare qu'il ne sait pas si tout cela a été fait par fraude ou par magie. Si c'était le cas, je regrette que l'incantation par laquelle on répare la vaisselle cassée soit désormais perdue. Le sort le plus puissant que je connaisse est *Recipe Gummæ*. *Mastichæ duæ unciæ cum Spirito Vini fiat mixtio* , c'est-à-dire du ciment mastic. Elle est généralement associée à la colle de vessie d'esturgeon.

Ce ciment répond très bien au verre. Une des anciennes recettes, qui était en effet très bonne, est ainsi donnée par JOHANNES WALLBURGER (1760) : — « Prenez de la vessie d'esturgeon finement coupée et un peu réduite en poudre » (encore vendue dans tous les pharmaciens), « ramollissez-la toute la nuit dans de l'alcool, ajoutez-y un peu de mastic propre et en poudre, faites-le bouillir un peu dans une casserole en laiton. S'il devient trop épais, ajoutez un peu d'alcool . Cela peut également être utilisé à de nombreuses autres fins.

Une colle forte mais plus grossière, surtout pour la vaisselle et la pierre, peut être fabriquée de la façon suivante : — Prenez du vieux fromage de chèvre à pâte dure, et réchauffez-le dans l'eau chaude jusqu'à ce qu'il forme, en le pilant, une masse semblable à de la térébenthine. Ajoutez à cela, tout en broyant, de la chaux vive finement pulvérisée et le blanc d'oeuf bien secoué.

Je n'hésite pas à donner une variété de ces recettes, car dans chacune d'elles l'artiste trouvera de précieuses suggestions pour d'autres buts que le simple collage d'objets cassés. Ce dernier est un « remplissage » précieux à de nombreuses fins. On transformait autrefois la colle en un ciment solide en la faisant bouillir pendant un certain temps dans l'eau, mais avant qu'elle ne soit incorporée à l'eau, cette dernière était versée et de l'alcool fort y était substitué et bien mélangé.

Un vieux ciment pour la vaisselle très populaire, dont il existait plusieurs variantes, était fabriqué en mélangeant de la colle, de la térébenthine, du fiel de bœuf, du jus d'ail, de la vessie d'esturgeon, de la gomme adragante et du mastic. Tout ce mélange à l'odeur singulière était mis dans une casserole et bouilli dans de l'alcool fort, tel que du whisky, puis pétri sur une planche sous un rouleau, bouilli à nouveau avec plus d'alcool, encore une fois roulé, et cela était répété une troisième fois, puis refroidi jusqu'à ce qu'il puisse être coupé en gâteaux. Lorsqu'ils devaient être utilisés , ils étaient à nouveau imprégnés d'esprit. Mais avec ce ciment, le verre ou le métal pourraient être plus fermement attachés au bois. J'avoue que je ne l'ai jamais essayé, mais c'était évidemment un ciment très résistant.

Une autre de ces recettes un peu compliquées pour la vaisselle, le verre et la porcelaine, que je trouve dans le *Tausandkünstler* , 1782, est la suivante : Une demi-once de vessie d'esturgeon finement coupée, deux cuillerées à café de poudre d'albâtre ou de gypse, un quart d'once de adragante, une cuillère à café de silberglatt , deux de mastic en poudre, deux d'encens, deux de gomme arabique , une de Marienglas , une cuillère à soupe d'alcool de vin, une de vinaigre de bière. Faites-le bouillir, remuez et appliquez. Toutes les gouttes collées à l'article réparé peuvent être éliminées avec du vinaigre. Lorsqu'il faut l'utiliser à nouveau, ravivez-le en le chauffant, en ajoutant de l'alcool de vin et du vinaigre de bière. La gomme-encens est ici à noter.

Un ciment commun pour réparer le verre brisé ou la porcelaine est préparé comme suit : — À deux parties de gomme-laque, ajoutez une de térébenthine ; faites-les bouillir à feu doux et formez la masse en petits gâteaux avant qu'elle ne sèche. Pour l'utiliser, réchauffez-le avec une lampe. Pour réparer l'ivoire ou le bois, prenez un gâteau et laissez-le se dissoudre dans de l'alcool de vin.

Un ciment très résistant se fait de la manière suivante : Prenez une once de mastic finement pulvérisé dissous dans six onces d'alcool de vin et deux onces de vessie d'esturgeon déchiquetée dissoutes dans deux onces d'alcool commun ; ajoutez une demi-once de *gomme ammoniacale* à mesure qu'elle durcit; réchauffez-le lorsqu'il doit être utilisé. C'est un ciment aussi résistant que possible.

Les défauts, fissures et réparations de la porcelaine, etc., peuvent souvent être dissimulés de la manière suivante : Peignez la tache avec du silicate de soude pas trop dilué et saupoudrez-la avant qu'elle ne sèche avec de la poudre de bronze. Cela durcira si fort qu'il pourra être poli avec un brunisseur d'agate.

Il est également possible que beaucoup de mes lecteurs aient entendu parler de *la peinture au gesso* , un art perfectionné par M. WALTER CRANE . Celle-ci consiste à peindre avec du plâtre de Paris en solution, avec la pointe d'un pinceau, en déposant la pâte molle en relief. Le même principe est applicable à la peinture au silicate et au merlan sur surfaces vitrées. Grâce à lui, la décoration peut être donnée à n'importe quelle bouteille en verre ou autre objet.

LA CHAUX entre dans la composition de nombreux ciments, le plus simple étant le mortier formé par son mélange avec de l'eau. Mais la qualité de celle-ci est en grande partie déterminée par celle de la chaux. Le *chunam* de l'Inde, qui ressemble à du marbre blanc ou à une fine pierre blanche, est fait de coquillages brûlés à la chaux. Un ciment blanc, merveilleusement dur, fin, utilisé par les Romains pour leurs meilleurs travaux de mosaïque, et qui durcissait avec une grande rapidité, était fabriqué à partir de chaux de coquille avec du blanc d'œuf. J'ai trouvé la même composition sans valeur lorsqu'elle était faite avec de la chaux calcaire de qualité inférieure.

Un bon ciment bon marché pour la porcelaine et le verre se combine comme suit :

Amidon ou farine de blé	8
Colle	4
Craie purifiée	12
Essence de térébenthine	4
Spiritueux de vin	24
Eau	24

Versez une partie de l'eau-de-vie et de l'eau mélangées sur la farine et la craie, ajoutez la colle, faites bouillir jusqu'à ce que celle-ci se dissolve, et incorporez la térébenthine au tout. Cela peut être utilisé pour fabriquer du bois artificiel avec des copeaux ou de la sciure de bois.

Un très bon ciment pour porcelaine, et incolore , se fait en coupant en morceaux la gélatine claire la plus fine, et en la dissolvant dans du vinaigre à 50°, en la remuant dans un récipient en porcelaine jusqu'à ce qu'elle soit bien mélangée. A froid, il durcit, mais se ramollit sous l'influence de la chaleur, lorsqu'on peut l'appliquer sur les bords cassés de la porcelaine, qui doivent être pressés ensemble. Ce sera parfaitement dur dans vingt-quatre heures. Il convient d'observer que l'art de maintenir ensemble ces pièces assemblées est le problème le plus difficile de la réparation. Ce ciment est largement applicable à de nombreux objets et admet également des modifications et des ajouts considérables, comme tous les ciments. Comme il est incolore , il peut être combiné avec de la poussière d'ivoire ou des poudres blanches de baryte, de magnésie, de merlan, etc., pour former de l'ivoire artificiel avec de la glycérine . Avec la vessie d'esturgeon, on obtient un ciment encore plus résistant.

LEHNER observe que la colle a la propriété, lorsqu'elle est combinée avec du sel de chrome acide (*sauren chromsalzen*), de perdre sa solubilité lorsqu'il est exposé à la lumière, de sorte qu'il peut être utilisé comme ciment pour les bris de porcelaine et de verre. Si la jonction doit être invisible, prenez la gélatine blanche la plus pure ; sinon la colle de doreur la moins chère répondra. Pour préparer la colle chromée, dissolvez la gélatine ou la colle dans l'eau bouillante, puis ajoutez la solution d'alcali d'acide chromique double, ou l'alcali de chrome rouge du commerce, remuez bien et mettez-la dans des boîtes de fer blanc.

La formule est : -

Gélatine ou colle à doreur 5-10

Eau   90

Alcali chromé rouge   1-2

Dissous dans l'eau   dix

Pour l'utiliser, réchauffez le ciment, appliquez-le sur le verre brisé, qui doit ensuite être exposé plusieurs heures au soleil.

Les bouteilles fêlées sont réparées selon un procédé très ingénieux, décrit par LEHNER . La bouteille est bouchée, mais pas hermétiquement, puis exposée à une chaleur d'environ 100° centigrades. Ensuite, le liège est enfoncé fermement, ce qui provoque une expansion des fissures, qui sont immédiatement comblées au moyen d'un pinceau finement pointu avec le silicate. Transporté dans un endroit plus frais, le verre se contracte sur le silicate encore fluide et les fractures sont réparées.

UN CIMENT TRÈS RÉSISTANT ET PROPRE POUR LA PORCELAINE OU LE VERRE est fabriqué comme suit : -

Bien nettoyé poudre de verre   dix

      »   poudre de spath fluor 20

Solution de silicate de soude   60

Celui-ci doit être mélangé et appliqué très rapidement. C'est l'un des ciments *les plus durs* et les meilleurs, et il résiste si bien à la chaleur et à d'autres influences que, une fois amalgamé avec beaucoup de soin, il peut être utilisé pour la fabrication de nombreux articles utiles. La même chose peut être faite en remplaçant le spath fluor par de l'argile à pipe blanche, ou en l'ajoutant dans une proportion un peu plus grande. L'argile à pipe ou toute bonne argile peut également être combinée avec de la glycérine pour éviter son dessèchement. Avec de la gélatine et un *peu* glycérine, il durcira et ne se fissurera pas.

Cela nécessite une fusion minutieuse et un travail rapide.

Pour préparer de la poudre de verre très fine pour ce ciment, chauffez n'importe quel verre jusqu'à ce qu'il soit rouge, puis déposez-le dans l'eau froide. Il peut ensuite être réduit dans un mortier en une poudre impalpable.

Les tubes ou tuyaux en faïence qui doivent être exposés à une chaleur intense peuvent être collés ou assemblés avec le ciment suivant : -

Peroxyde de manganèse   80

Oxyde de zinc blanc   100

Silicate de soude   20

« Cela *ne fond pas* , sauf à très haute température ; et une fois fondu, il forme une substance vitreuse qui tient avec une extrême ténacité » (LEHNER).

Pour préparer la ciment *caséine* pour la vaisselle ou le marbre, on peut observer qu'il faut toujours prendre du fromage blanc *frais* et le faire macérer ou le pétrir soigneusement jusqu'à ce qu'il ne reste que de la CASÉINE pure en y ajoutant un tiers de chaux vive en poudre et en mélangeant très soigneusement les deux ingrédients, on obtient un colle très forte . Un mélange de 10 parties de silicate de soude forme également un ciment puissant.

Ce qui suit, pour le carrelage et la vaisselle commune en brique, ou en terre cuite ou en porcelaine, est très hautement recommandé par LEHNER , qui dit que tout ce qui est réparé avec lui se brisera plus tôt dans un autre endroit que là où il est cimenté :

Chaux éteinte dix

Borax   dix

Litharge   5

Le ciment est mélangé avec de l'eau, et les carreaux ou la vaisselle, etc., sont chauffés juste avant d'être réparés.

Je ne saurais trop insister sur ce point : personne ne doit s'attendre à ce qu'en prenant simplement des recettes telles qu'écrites, en les mélangeant et en les appliquant, on obtienne un résultat positif dès le premier essai. Il faut toujours disposer du meilleur matériel, souvent frais, et généralement tenter l'application plus d'une fois. *Persévérer Vinces* : « Par la persévérance, vous vaincrez. » Non seulement la *qualité* des ingrédients utilisés doit être des meilleures, mais la composition doit être réalisée exactement dans l'ordre dans lequel ils sont donnés. Les mêmes substances donnent souvent des résultats très différents, simplement parce que l'ordre de combinaison entre les deux était différent.

Pour réparer les trottoirs :—

Chaux calcinée   dix

Craie purifiée   100

Silicate de soude   25

Cela durcit lentement. Il peut, lorsqu'il est mélangé à de petits fragments de pierre brisée aux arêtes vives, être utilisé pour former des trottoirs ou comme lit de mosaïques. Aux mêmes fins, ou pour le cimentage de dalles de marbre, on peut utiliser un ciment connu sous le nom de BÖTTGER . Cela se fait ainsi : -

Craie purifiée   100

Solution épaisse de silicate de soude   25

Celui-ci devient (LEHNER) en quelques heures si dur qu'il peut être poli. C'est le ciment principal et presque le seul employé par M. RIS- PACQUOT ou recommandé dans ses travaux de raccommodage de la vaisselle. Il admet une grande variété de modifications. Il est très supérieur comme lit pour les mosaïques de toutes sortes. Il forme, comme le précédent, un bon lit aussi pour la scagliola et la ceresa. [1] Je dirais ici de ce dernier que je souhaiterais le voir plus généralement utilisé pour l'ornementation murale ou murale, puisque quiconque peut peindre un visage ou une décoration avec audace et en grande partie à l'huile ou à l'aquarelle le trouvera très facile. Il admet une exécution rapide et frappe par son éclat. Tout dépend d'un bon lit auquel il puisse facilement adhérer. Je puis remarquer ici que des lits comme ceux-ci, qui durcissent bien et *durement* , sont également adaptés à la peinture à fresque, dans laquelle la difficulté est de choisir des couleurs qui, une fois absorbées et séchées, ne se fanent pas. La plupart des peintures à base de substances minérales se combinent avec du silicate de soude.

Je puis remarquer ici qu'un art curieux et facile, très peu connu, consiste à sculpter ou à découper des bas-reliefs sur des carreaux ou des objets en terre cuite ou en brique, qui, lorsqu'ils sont délimités ou en relief, peuvent être vernissés en couleur avec du silicate de un soda; également avec de nombreux autres ciments.

Un ciment commun et bon pour la porcelaine ou le verre est fabriqué comme suit :

Gypse calciné ou plâtre de Paris 50

Chaux calcinée   dix

Blanc d'oeuf   20

Celui-ci doit être rapidement mélangé et utilisé rapidement, car il durcit très rapidement et devient extrêmement dur. C'est un lit admirable pour les mosaïques ou les ceresa .

Lorsque le plâtre de Paris est simplement combiné avec de l'alun brûlé dans l'eau, les objets réparés avec lui mettent plusieurs semaines à prendre ou à adhérer. Le gypse combiné à la gomme seul tient fermement, mais ne résiste pas à l'eau (voir *Recettes générales*).

CIMENTS POUR LE SCELLEMENT ou la fermeture d'appareils chimiques :—

Argile séchée dix

L'huile de lin   1

Cela supporte la chaleur jusqu'au point d'ébullition du vif-argent.

Un ignifuge plus résistant est le suivant : -

Manganèse   dix

Oxyde gris de zinc   20

Argile   40

Vernis à l'huile de lin   7

Il n'en faut que la quantité nécessaire pour combiner la masse en une pâte.

Un LUTING pour très hautes températures :—

Argile   100

Poudre de verre   2

Un autre CIMENT :—

Argile	100
Craie	2
Acide boracique	3

LEHNER a dans son travail sur les ciments de nombreuses suggestions précieuses quant au raccommodage de la porcelaine. *Premièrement*, lors d'une telle réparation, l'adhésif soit appliqué avec soin, en une couche aussi uniforme et aussi fine que possible ; à quoi j'ajouterais que l' amateur maladroit a tendance à l'appliquer de manière irrégulière et négligente, avec l'impression que plus il y a de ciment, mieux il collera, ce qui est tellement faux que chaque grain superflu est tellement de un obstacle à un bon séchage ou à une bonne adhérence. Encore une fois, les inexpérimentés l'enduisent avec un bâton ou « n'importe quoi », alors qu'il faut utiliser une brosse à pointe fine ou un crayon à cheveux.

LA PORCELAINE CASSÉE QUI DOIT ÊTRE RÉPARÉE doit être soigneusement recouverte afin de la protéger de la poussière, difficile à nettoyer. Attention à ne pas assembler les pièces encore et encore, comme cela se fait souvent.

Si la porcelaine brisée a été utilisée pour contenir du lait ou de la soupe, etc., elle doit être étendue dans de la lessive pour dissoudre toute la substance grasse, puis lavée à l'eau claire. On ne peut cependant pas poser la porcelaine peinte avec de la lessive, ce qui ruinerait toutes les couleurs ; dans ce cas, essuyez-les avec de l'acide dilué.

La grande difficulté du raccommodage est de rassembler les pièces et de les maintenir ainsi jusqu'à ce que la colle sèche. LEHNER recommande que lorsque les objets sont petits et coûteux, un moule de gypse soit construit autour d'eux. Dans la plupart des cas, le mastic ou la cire sont beaucoup plus faciles à gérer. Comme indiqué précédemment, Indiarubber il faut surtout compter sur les bandes ; même s'ils ne sont pas capables de tenir en permanence, ils aident grandement à attacher avec un cordon.

Dans le Manuel de F. GOUPIL , réécrit par FRÉDÉRIC DILLAYE , on recommande la méthode suivante pour restaurer les vases brisés, etc. :

« Former une masse solide d'argile sous la forme de l'objet original. Disposez ensuite dessus, un à un, les fragments à leur place en gardant l'argile humide. Lorsque cela est fait, collez sur les bandes extérieures de papier, en quantité suffisante pour maintenir le tout fermement ensemble. Retirez ensuite l'argile humide et collez de fortes bandes de papier (ou un mince parchemin) sur l'intérieur de manière à maintenir le tout. Ensuite » (une fois sec) « humidifiez soigneusement et retirez le revêtement extérieur. »

L'auteur précise que cela ne s'applique qu'aux vases dont l'embouchure est suffisamment large pour permettre l'introduction de la main. J'ajouterai cependant ici que même lorsqu'elle est trop petite pour cet usage, la restauration peut être également bien effectuée de la manière suivante : - Fabriquez le noyau d'argile humide, ou, mieux, de cire d'abeille, puis collez dessus une fine couche dure. papier. Couvrez-le d'une solution de gomme arabique et posez les morceaux dessus. Une fois sec, faites fondre la cire ou l'argile.

La gomme de poisson, *colle de poisson* , c'est-à-dire ce qu'on appelle généralement *la vessie d'esturgeon* , qui comprend la vessie de plusieurs espèces de poissons dissoutes, convient mieux au verre, au marbre, à la porcelaine et à toutes sortes de raccommodages où le ciment ne doit pas être utilisé. montrer. Ceci, lorsqu'il est combiné avec de l'huile, est *dit* , s'il est mélangé avec de la poussière de tissu et des fibres de laine, de soie ou de coton, qu'il se transforme en fil.

RÉPARATION DU VERRE
AVEC PLUSIEURS PROCÉDÉS ALLIÉS
CIMENTS APPROUVÉS - SILICATE DE SOUDE

« Glück und Glas
Wie chauve bricht dass. »

« Bonne chance, comme le verre,
Se brise bientôt, hélas !
Pourtant l'habileté peut faire en sorte que cela se produise Comme
pour réparer une fortune ou un verre. "
-Vieux proverbe allemand.

Le mastic est naturellement le premier ciment qui se suggère en relation avec le raccommodage du verre, puisque ce dernier matériau est le plus familier au monde sous forme de fenêtres, bien que dans de nombreux endroits, comme par exemple à Florence, où il est appelé *mastico* et *les pâtes* , elles sont peu utilisées ou peu connues. Le mot vient du français *potée* , qui signifie aussi un pot. Il est très utile, non-seulement pour fixer les vitres, mais pour boucher les trous dans le bois, et fait partie de certains mélanges comme ciment pour mouler des ornements. Il peut être faible et cassant, ou bien fort et très dur, selon la manière dont il est préparé. On le fabrique communément en combinant de la craie en pâte, avec de l'eau et de l'huile de lin ; d'autres poudres sont également utilisées. En Amérique, il est fabriqué avec de la stéatite pulvérisée et de l'huile. Son excellence dépend de la qualité de l'huile et du soin avec lequel elle est pétrie. Il doit être conservé dans une cave humide, dans un chiffon mouillé ou sous l'eau. S'il sèche et devient cassant, il faut ajouter de l'huile fraîche.

« Pour retirer du vieux mastic dur des vitres , recouvrez-le d'un mélange d'une partie de chaux calcinée, deux de soude et deux d'eau » (LEHNER). L'oxyde de plomb combiné à l'huile donne un excellent mastic jaune. Cela durcit très fort.

L'oxyde de zinc blanc ou gris associé à l'huile de lin ou au vernis à l'huile de lin permet d'obtenir un ciment qui sert à faire adhérer le verre au bois ou au métal.

Des laques épaisses , comme le copal ou l'ambre, peuvent être utilisées à la place des vernis ordinaires avec un meilleur effet, et la composition est meilleure lorsque de la chaux calcinée ou de l'oxyde de plomb sont ajoutés. L'excellence du ciment dépend du degré avec lequel les ingrédients sont amalgamés ou frottés ensemble ; et cette règle vaut pour tous les mélanges semblables.

Le vernis , ou laque lourde ou « plate » de copal ou d'ambre, forme à lui seul un adhésif puissant, avec pour seul inconvénient qu'il met beaucoup de temps à sécher.

Un très bon ciment pour le verre (Lehner) est le suivant :

Gutta-percha   100

Terrain noir (asphalte) 100

Huile de térébenthine   15

C'est une colle d'application générale, particulièrement adaptée au cuir et au raccommodage des chaussures.

Le lecteur qui voudrait étudier à fond le sujet du verre pourra consulter *Die Glas-Fabrikation* , un ouvrage très admirable de Raimund Gerner, verrier ; A. Hartleben, Vienne et Leipzig, prix 4s. 6j.

De petits triangles en tôle ou en fer sont souvent utilisés pour fixer les vitres.

La réparation du verre brisé est dans la plupart des cas à peu près la même que celle de la vaisselle ou de la porcelaine cassée. Le ciment à base de mastic, ou de mastic combiné à de la vessie d'esturgeon, ou généralement de silicate à du merlan, est l'adhésif approprié. Comme le silicate de soude est simplement du verre liquide, il peut être employé pour remplir des espaces ou pour fabriquer du verre ; mais, en raison de sa nature collante, il est difficile à gérer. Ceci peut souvent être effectué en préparant d'abord une couche de papier souple sur laquelle sont déposées des couches successives de silicate. Une fois sec, le papier peut être lavé.

Le silicate de soude est devenu d'une telle importance que les travaux français sur le raccommodage des articles fictifs se limitent presque entièrement à son utilisation comme liant, lorsqu'il est combiné avec du merlan. *Le verre à eau* a longtemps été considéré comme une invention moderne, jusqu'à ce que quelqu'un le trouve décrit dans les ouvrages de Van Helmont , en 1610 après JC. Mais je l'ai également trouvé dans le *Jocoseriorum . Naturæ* , 1545; dans la *Magia Naturalis* de Wolfgang Hildebrand, qui date de la même époque ; et enfin par *Paracelse* (*Liber de Præparationibus*), où il le décrit comme *Destillatio Cristallis* . Et l' *auteur* du *Jocoseriorum* parle du verre mou comme d'une chose qui a été traitée par plusieurs écrivains.

D'après Wagner, il existe trois sortes de verre soluble : (i .) le verre de potasse soluble, 45 silex, 3 charbon, 34 carb. potasse .; (ii.) verre soda soluble, 100 pts. quartz, 60 cal. sulfure . soude, 15 de charbon de bois; (iii.) verre double soluble, 100 quartz, 22 cal. soda, 28 glucides. potasse ., 6 charbon de bois. Le verre soluble se combine bien avec n'importe quelle poudre «

indifférente », comme le verre en poudre, pour former un ciment solide. Pour poudrer le verre, faites-le chauffer au rouge, plongez-le dans l'eau froide et pulvérisez -le. Il deviendra aussi fin que de la farine et, dans cet état, se combinera avec de la gomme arabique , de la colle ou des gommes pour faire un puissant réparateur de verre. Mélangé avec de la poudre de verre, de l'oxyde de zinc ou du merlan, de la poudre de marbre, de l'os calciné, du plâtre de Paris, des cendres de bois, etc., il peut être travaillé comme du mastic. Mélangé à des couleurs, il est utilisé pour la peinture stéréochrome, sorte de fresque.

Les morceaux de verre manquants, comme les feuilles d'un lustre, peuvent être facilement remplacés par du verre à eau, et toutes les fissures ou défauts sont recouverts de verre.

Ce raccommodage est cependant lié à certains procédés de l'art qui sont si intéressants que je me risque à en décrire une.

De nombreuses réparations et restaurations du verre peuvent être effectuées au moyen du chalumeau et de la lampe à alcool ou de la flamme du gaz. Aussi difficile que cela puisse paraître, il s'agit non seulement d'une activité facile, mais aussi d'une activité très curieuse et divertissante. Dans n'importe quelle ville, on peut trouver un expert ou un ouvrier qui donnera quelques leçons. J'ai très souvent été impressionné par le fait qu'il y ait si peu d'invention artistique ou d'originalité dans le travail du verre. Même l'œuvre vénitienne de grande renommée est extrêmement limitée et « maniérée » ou conventionnelle par rapport à ce qu'elle pourrait être.

Voici une vieille recette pour réparer le verre : Prenez du verre en poudre de la plus belle qualité, du meilleur mastic, avec des parties égales de résine blanche et de térébenthine distillée. Faites bien fondre le tout . Pour l'utiliser, réchauffez-le progressivement puis appliquez.

La chaux vive et le blanc d'œuf, intimement frottés l'un contre l'autre sur une surface plane, constituent un bon ciment pour le verre ou la poterie ordinaire.

Le ciment de *gomme arabique* est beaucoup plus résistant lorsqu'il est préparé de la manière suivante : — Prenez de la gomme arabique et dissolvez-la dans de l'acide acétique (vinaigre) au lieu de l'eau. Il faut le faire fondre dans un endroit assez chaud, car dans ce cas ce sera bien meilleur. La meilleure qualité de feuille de gélatine en fait une colle transparente, inestimable là où la couleur doit être évitée.

Pour réparer une bouteille ou une carafe en verre fissurée. — Chauffer la bouteille en appuyant sur le bouchon, jusqu'à ce que l'air chaud à l'intérieur dilate les fissures, qui doivent être immédiatement remplies de verre liquide. Puis, à mesure que le verre d'eau est poussé vers l'intérieur par la pression de l'air extérieur, à mesure que la bouteille refroidit, les fissures se referment.

On ne peut pas vraiment réparer un miroir brisé, mais on peut faire quelque chose avec les gros morceaux. Vernissez ou collez un morceau de papier et posez-le sur le vif-argent. Puis avec un coupeur de verre américain, prix un shilling, ou avec un tailleur de diamants, divisez-les en carrés pour faire de petits miroirs. Deux d'entre eux de taille égale peuvent facilement être convertis en un kaléidoscope pliable (non décrit par BREWSTER dans son travail sur le Kaléidoscope). Posez les deux morceaux face à face, et collez sur le tout, du côté vif-argenté, un morceau de cuir fin ou de mousseline. Une fois sec, avec un canif, faites une fente entre les deux sur trois côtés. Il s'ouvrira et se fermera ensuite comme un portefeuille. Cela peut servir de verre de voyage, d'observation ou de rasage, mais il est très utile aux créateurs de motifs. Placez le verre debout sur une table à angle droit, ou plus ou moins, et placez entre les miroirs n'importe quel objet ou motif, et vous le verrez multiplié de trois à douze fois, selon l'angle. De belles variations de designs peuvent ainsi être réalisées, *à l'infini* . Ils peuvent être utilisés comme réflecteurs lorsqu'ils sont placés derrière une lumière.

Prenez un tel morceau de miroir et posez un morceau de papier sur le dos, puis avec une pointe d'agate ou d'ivoire, écrivez ou dessinez dessus, mais pas assez fort pour briser l'argenture. Tournez-le ensuite vers le soleil ou une lumière forte, et laissez tomber le reflet sur une surface blanche. Bien que rien ne soit perceptible sur la face du miroir, l'écriture apparaîtra dans le reflet.

Le verre est gravé comme le métal est gravé ; à cette exception près qu'à la place des acides sulfurique ou nitrique, on utilise l'acide fluorique. Le verre et *la porcelaine* peuvent également être directement gravés avec une pointe d'acier, à l'aide de poudre d'émeri ; quel dernier art je n'ai jamais vu décrit, mais que j'ai pratiqué avec succès . Cela est pleinement exposé dans mon prochain ouvrage sur « Cent arts ».

Le verre malléable, ou du moins celui qui ne se brise pas facilement lorsqu'on le laisse tomber, se prépare en trempant les objets qui en sont faits, bien chauds, dans de l'huile. Je suppose que les vitres ainsi préparées ne seraient pas brisées par la grêle, comme j'ai observé que les vitres plates ne le sont pas.

Il arrive parfois que des gobelets en verre mince , surtout ceux qui ont subi une sorte particulière de recuit ou de trempe, sonnent magnifiquement lorsqu'on les souffle dessus, de manière à les faire vibrer. L'effet est presque magique pour celui qui l'entend pour la première fois. Je le mentionne afin que le lecteur puisse, lorsqu'il trouvera à vendre de vieux gobelets vénitiens ou tout autre verre mince, voir s'il n'y en a pas parmi eux un qui sonne finement. Un orgue pourrait ainsi être amené à jouer avec le vent. En ce qui concerne la musique sur verre, prenez n'importe quelle bouteille ordinaire, et en frottant dessus un bouchon un peu mouillé, vous pourrez, avec un peu d'habitude, produire une imitation saisissante du gazouillis et même du gazouillis des oiseaux. J'en connaissais un qui pouvait ainsi imiter à la perfection les rossignols et susciter des chants réactifs. L'effet dépend dans une certaine mesure de la qualité du liège, mais aussi de celle du verre. Avec un archet de violon, des sons très musicaux peuvent être tirés du bord d'une vitre. Il semble que ces méthodes pourraient également être développées en instruments de musique. Il est bien connu que des tubes de verre suspendus lorsqu'on place une bougie en dessous d'eux émettent des sons musicaux, souvent d'une grande richesse et d'une grande force. Il y a aussi les verres musicaux, dont on peut jouer de deux manières, soit en frottant les bords avec un doigt mouillé, soit en remplissant les verres plus ou moins d'eau jusqu'à former une octave, puis en les tapotant avec un bâton de bois. Tout cela n'a en effet rien à voir avec la réparation du verre, mais qui n'est peut-être pas sans intérêt pour ceux qui souhaitent en connaître toutes les qualités.

Parmi LES CIMENTS DE VERRE d'usage courant qui peuvent être recommandés figurent le célèbre Polytechnic, ainsi que l'Imperial Liquid Glue (aucun chauffage requis), Hayden & Co., Warwick Square, Londres. Il existe également un très bon ciment de verre fabriqué et vendu par Keye, fabricant de filtres, Hill Street, Birmingham.

Les Vénitiens fabriquaient de très beaux gobelets en verre ordinaire, en les peignant en relief avec une substance que je soupçonne être dans certains cas une forme de silicate, ou bien avec une sorte de peinture qui n'était pas de l'émail, mais qui semble avoir été en partie vitreuse. Cela ressemble plutôt à de la peinture à l'huile avec de la poudre de verre, mais je doute que ce soit cela.

Le travail du verre implique la réparation et la restauration des vitraux ; c'est-à-dire de la peinture sur verre et une étude de dessins. De tout cela, il existe presque une littérature. Entre autres ouvrages, je peux recommander *A Book of Ornamental Glazing Quarries* , par AW Franks, £1, 1s.; *Divers travaux des premiers maîtres en décoration ecclésiastique* , par Owen Jones, 3 £, 10 s. ; *L'histoire du vitrail de Westlake* , vol. i ., *XIVe siècle* , 13s. 6j.; vol. iii., *XVe siècle* , 18s., publié par Batsford, 52 High Holborn. Chez Rimmel, dans Oxford Street, le lecteur peut généralement se les procurer, ainsi que tous les ouvrages sur des sujets similaires, à des prix bien inférieurs au coût initial.

UN CIMENT DE RACCOMMODAGE POUR LE VERRE est fabriqué comme suit : -

Fromage commun 100

Eau   50

Chaux éteinte   20

On le retrouve dans de nombreux livres de recettes. Il faut remarquer que le fromage doit être pendant quelque temps soigneusement pilé avec de l'eau jusqu'à ce qu'il soit assez mou, et que la chaux est ensuite très rapidement incorporée. Ceci n'est pas seulement utile pour réparer le verre, mais peut être appliqué à bien d'autres fins. Le fromage est meilleur lorsqu'il est frais.

LA CASÉINE (ou fromage pur) peut être facilement combinée avec du silicate de soude liquide (LEHNER), et forme ainsi un ciment très résistant pour la porcelaine ou le verre, ou tout autre matériau. Remplissez un flacon avec un quart de caséine fraîche pour trois quarts de silicate et agitez-le soigneusement et fréquemment.

Une autre formule est la suivante : -

Caséine   dix

Silicate de soude 60

Celui-ci doit être utilisé très promptement et l'article réparé doit être séché à l'air.

Un CIMENT qui peut être utilisé dans plusieurs combinaisons est fabriqué en dissolvant de la caséine fraîche acidulée (obtenue en ajoutant du vinaigre au lait et en lavant soigneusement le dépôt) dans un très peu de lessive caustique. Il doit être conservé bouché en bouteilles.

Ces ciments *à la caséine* ou au fromage ou au caillé tiennent bien, mais résistent mal à l'eau, sauf en combinaison puissante.

L'excellence des ciments dépend dans une large mesure de la qualité des matériaux et du respect scrupuleux du soin apporté à la fabrication. Ainsi pour ce qui suit, pour le verre : -

Colle   200

Eau   100

Chaux calcinée   50

dans laquelle nous avons une des formules les plus courantes et les plus anciennes, la valeur dépend du « maquillage », c'est-à-dire que la colle doit être laissée dans l'eau froide pendant deux jours, puis bouillie dans un *balnéum*.

mariæ , ou une bouilloire double, dans de l'eau tiède ; c'est-à-dire qu'elle ne doit pas bouillir, sinon la colle sera affaiblie.

Le soi-disant ciment DIAMANT ou CIMENT TURC , pour le verre ou tout autre travail de qualité, est connu depuis l'Antiquité pour sa résistance incroyable. Sa formule, selon Lehner, est la suivante :

JE. Vessie d'esturgeon 20

    Eau 140

    Spiritueux de vin 60

II. Gomme-mastic dix

    Alcool 80

III. Gomme-ammoniaque 6

portions distinctes , le n° I. étant préparé par réchauffement et filtrage. La gomme ammoniacale est réservée aux autres, et ajoutée *après* qu'elles soient mélangées.

UNE BASE SOLIDE POUR UN CIMENT POUR LE VERRE , ainsi que pour le bois ou la pierre, est obtenue en mélangeant progressivement des cendres de bois finement tamisées avec du silicate de soude ou de la colle acide forte, jusqu'à obtenir une substance semblable à un sirop . En Amérique, les meilleures cendres à cet effet sont celles du caryer. Peut-être que le bois de hêtre les rend tout aussi bons.

Il existe un CIMENT DIAMANT qui est d'une valeur particulière pour attacher des pierres précieuses à des bagues ou du métal, pour faire adhérer ensemble du corail, des perles ou de l'ivoire, et, en bref, pour tous les travaux fins où un adhésif très puissant est requis. C'est le suivant : -

Vessie d'esturgeon 8

Gomme-ammoniaque 1

Galbanum 1

Spiritueux de vin 4

La vessie de l'esturgeon est coupée en petits morceaux et trempée dans l'alcool, et le reste, en solution, est ensuite ajouté. Il doit être réchauffé lors de son utilisation.

Comme ce ciment supporte une longue exposition à l'humidité avant d'en être le moins endommagé, il peut être utilisé comme médium pour peindre sur le verre, et produire ainsi des effets très peu inférieurs, soit en beauté, soit en durabilité, au verre lui-même. L'expérience peut être facilement tentée, car n'importe quel chimiste peut en inventer la recette. Une fois terminé, le tableau peut être enduit de silicate de soude liquide, ce qui lui donnera toutes les propriétés du verre.

UN CIMENT À LA CHAUX POUR LE VERRE est fabriqué comme suit : -

Chaux calcinée   30

Litharge   30

Vernis à l'huile de lin   5

DE BIJOUTIER . Extrêmement fort:-

Solution de colle de poisson 100

Vernis au mastic (pur)   50

La colle de poisson doit d'abord être dissoute dans de l'alcool de vin.

POUR JOINDRE LE VERRE ET LE MÉTAL , etc. — Incorporer la chaux éteinte et en poudre dans de la colle chaude. Cela constitue une substance très dure. Il peut être largement modifié et varié pour de nombreuses substances et utilisé pour la peinture.

CIMENT POUR VERRE :—

La gomme arabique   50

Sucre   dix

Eau   50

Huile de térébenthine dix

La gomme, le sucre et l'eau sont d'abord soigneusement mélangés, puis la térébenthine est bien mélangée au mélange.

CIMENT DE SALLE POUR VERRE :—

Muriate de chaux   2

La gomme arabique 20

Eau   25

Non recommandé par LEHNER , car trop soluble. POUR FERMER LES BOUTEILLES :—

Résine en poudre   6

Soude caustique   2

Eau   dix

A mélanger soigneusement et à laisser reposer plusieurs heures. Avant l'emploi, mélangez-y bien huit à neuf parts de plâtre de Paris calciné. Cela prendra une demi-heure fermement en place ou « se fixera » et est étanche. Un bon bouche-pores pour les fissures.

Le lecteur qui désire être parfaitement informé sur le verre dans tous ses rapports peut obtenir, en s'adressant à J. BAER , Rossmarkt , Francfort-sur-le-Main, Allemagne, un catalogue qui est peut-être le plus complet sur le sujet jamais publié.

coloré ou teinté peuvent être réparées ou fabriquées par le procédé suivant, qui a l'avantage d'être tout aussi durable que tout autre dans lequel les couleurs sont brûlées : — Prenez deux vitres et peignez sur l'une votre motif avec un vernis fin. et couleur transparente mélangée. Une fois sec, repasser l'ensemble, avec un pinceau large et doux, avec un ciment-mastic liquide, qui doit être bien transparent et fin. N'importe quel ciment résistant et transparent fera l'affaire, mais il est conseillé d'utiliser le mastic dans tous les cas en bordure étroite et sur les bords. Si vous avez une gravure, surtout sur du papier spongieux très doux, prenez une vitre , recouvrez-la d'une couche de vernis, et juste avant qu'elle ne sèche, appuyez dessus la gravure face vers le bas. Lorsqu'il est bien sec, avec une éponge légèrement humidifiée et le bout du doigt, décollez tout le papier souple en laissant les traits de la gravure. Ceux-ci peuvent maintenant être colorés , même avec très peu de compétence et de soin. Un très bon effet peut être produit, de sorte qu'un artiste très indifférent peut ainsi produire des tableaux très supportables. Ensuite, pour mieux conserver celle-ci, doublez-la avec l'autre vitre.

En peignant et en ombrant également sur cette *seconde* vitre, comme je l'ai découvert, des effets d'ombre et de lumière très beaux et saisissants peuvent être développés, de sorte que cela forme, pour ainsi dire, un nouvel art à lui seul. Cela rappellera au lecteur les abat-jour en porcelaine, qui ressemblent tant à des images à l'encre de Chine ; mais les effets des doubles vitrages sont plus singuliers et bien plus variés. Il se peut même qu'un troisième volet soit utilisé. Comme les matériaux nécessaires à cet art sont loin d'être coûteux et qu'il est extrêmement facile, je ne doute pas qu'il sera largement pratiqué .

Protéger une image en verre par une autre n'est pas un art nouveau ; mais je ne sache pas que l'obtention d'une série de lumières en redoublant ainsi les vitres ait été pratiquée .

Une modification en est la suivante : — Découpez plusieurs carreaux, correspondant à la dimension des deux couvercles de verre, dans du papier ou parchemin bien transparent, préparé en frottant avec de l'huile ou de la vaseline , du saindoux ou autre. Peignez dessus les modifications requises de l'image. L'avantage est que de nombreuses nuances peuvent ainsi être données dans un espace plus mince, créant un effet étonnant. Comme il ne s'agit pas du tout d'une simple imitation du vitrail, et qu'il produit des effets qu'on ne retrouve pas dans ce dernier, il peut constituer un art à part entière. Le principal de ces effets est *le soulagement* , particulièrement manifesté dans la figure humaine. Mais les plus extraordinaires sont les variations de clair-obscur qu'il offre, grâce auxquelles l'artiste peut créer ou obtenir des suggestions frappantes pour des peintures à l'huile ou à *l'aquarelle* ; car ces transparences peuvent être si infiniment et si ingénieusement variées, que personne ne peut manquer d'en tirer beaucoup d'idées.

Cela peut être testé en préparant simplement n'importe quelle image, par exemple une statue, un château sur un rocher ou un visage. Découpez dans des feuilles de même format dans du papier très transparent une série d'ombres adaptées, et ajustez-les. Ils peuvent être tous monochromes ou d'une seule couleur , ou dans plusieurs teintes. Ils peuvent varier, avec des soins appropriés, d'une ombre presque imperceptible au noir opaque. En commençant avec seulement deux pochoirs ou images ombrées — car pour ce qui concerne l'artiste doit être guidé par son propre savoir-faire — et en augmentant progressivement le nombre, on trouvera bientôt l'ajustement approprié. Je conseille au débutant en copie de passer du monochrome à la bicolore avant d'en tenter plusieurs. Les professeurs d' *aquarelle* trouveront que de telles copies sont, après avoir acquis un certain degré de compétence, de beaucoup supérieures à celles communément utilisées, car elles se rapprochent plus de la nature.

La forme la plus parfaite de cet art curieux est un perfectionnement qui, je crois, est ma propre invention. Celle-ci consiste à introduire des feuilles de *mica peintes* entre les deux verres. De cette manière, quatre niveaux ou tons de couleur , de lumière et d'ombre peuvent être créés dans une image. Les feuilles de mica peuvent être transformées en une seule en utilisant du ciment mastic . Frottez les bords avec du papier émeri pour les rendre rugueux.

Comme je l'ai déjà laissé entendre, les matériaux pour ce travail sont si bon marché et le processus si facile, que tout ce que j'affirme ici peut être immédiatement vérifié par la dépense de quelques shillings, avec quelques heures de temps. C'est, sous une autre forme, la même chose que de disposer des lumières autour d'une statue dans une pièce sombre, mais adaptée à toutes sortes de tableaux.

Comme l'a déclaré un poète latin : « C'est une chose facile à ajouter aux arts », quand un commencement a été fait (« *Inventis facile sempre aliquid addere* »), j'ajouterai donc à cela une curieuse découverte en verre faite par moi à Venise il y a quelques années. Sir AUSTIN LAYARD m'emmenait visiter sa célèbre verrerie. C'est lui qui, avec l'aide de Sir WILLIAM DRAKE , *fit* revivre la fabrication presque oubliée du verre de Murano. Alors que je me tenais près d'un fourneau et que j'observais un ouvrier façonner habilement des ornements en verre, je me suis soudain rendu compte que les Chinois, disait-on, possédaient dans des temps reculés l'art, aujourd'hui perdu, de fabriquer des vases ou des bouteilles qui semblaient extérieurement tout à fait simples. , mais à la surface duquel, lorsqu'on versait du vin rouge, apparaissaient des motifs ou des inscriptions de la même couleur . Il m'est immédiatement venu à l'esprit que cela pourrait être parfaitement réalisé en fabriquant une bouteille, à l'intérieur de laquelle le fond devrait avoir une épaisseur considérable, disons un demi-pouce, tandis que l'inscription ou le motif ne serait pas plus épais qu'une fenêtre ordinaire. verre. Ensuite, si tout l'extérieur était légèrement meulé sur une roue ou poncé, la différence entre le sol et le motif ne serait perceptible qu'avec du vin rouge ou quelque chose de hautement poli. un fluide coloré était versé dedans, lorsque le motif se manifestait immédiatement.

Sir AUSTIN LAYARD fut tellement frappé par cette suggestion qu'il fit immédiatement venir son contremaître, Signore Castellani, qui dit qu'il avait entendu parler de telles bouteilles, mais supposa toujours que c'était une fable. Il a cependant admis immédiatement qu'ils pouvaient être réalisés comme je le proposais, mais il a ajouté que les dépenses seraient si grandes qu'elles rendraient l'invention pratiquement inutile.

Il m'est cependant venu à l'esprit depuis que de telles bouteilles pouvaient être fabriquées, et à moindre coût, de la manière suivante : — Prenez un flacon de Florence et divisez-le en deux parties avec un diamant, en utilisant une scie pour le fond. Puis sur les côtés à l'intérieur placez le sol. Il pouvait être fait de silicate de soude et de poudre de verre ou de silex, ou encore de cire blanche, durcie avec de la poudre de verre. Fermez le flacon avec du silicate, et broyez le tout.

Lorsqu'un verre a été brisé et réparé, la fracture encore perceptible peut être ainsi dissimulée en meulant la surface et, dans de nombreux cas, en l'entourant d'un anneau ou d'un tube de métal, également de silicate, ou d'un ornement formé avec celui-ci. .

Un bouchon en verre trop grand peut être facilement limé pour s'adapter. Si le col de la bouteille est trop étroit, il peut également être agrandi par le même procédé. Lorsque le bord d'un gobelet est fracturé, il peut être broyé sur une meule. Je l'ai fait avec un fichier.

Une vitre peut être découpée grossièrement avec une paire de ciseaux puissants, sous l'eau. En cela comme en d'autres choses, la pratique mène à la perfection.

Une ancienne méthode pour fermer efficacement les bouteilles de vin était la suivante : — Le bord de l'ouverture sur le dessus était meulé sur une pierre, et un petit disque de verre y était exactement ajusté. De la chaleur a ensuite été appliquée jusqu'à ce que les deux soient en fusion partielle et que le couvercle soit soudé à la bouteille. Un peu de verre en poudre faciliterait la fusion, ou bien elle pourrait être effectuée avec du silicate sans chauffage. Le procédé est le même que l'utilisation de bouchons en verre, plutôt enfoncés, et le bouchage avec du silicate.

Une bouteille de champagne cassée n'est pas facile à réparer, mais j'en ai vu une curieusement utilisée . Le fond seulement avait été cassé, et on l'a coupé en rond et uniformément à la lime. À l'intérieur, au bouchon était suspendu par une corde un très gros clou ou un petit boulon de fer. Ainsi préparée, elle constituait une cloche de dîner capitale et appropriée. Ici, en Italie , j'ai souvent vu des cloches en vaisselle ou en terre cuite ; leur ton est meilleur qu'on ne le suppose.

Copeaux de bois
pour réparer et fabriquer de nombreux objets

« Dans l'industrie humaine, il y a en moyenne une perte de cinquante pour cent. en main d'œuvre ou en matériel. »—Observations sur l'art, par CHARLES G. LELAND .

Il n'y a aucun pays au monde où l'art du raccommodage est aussi requis qu'aux États-Unis d'Amérique du Nord. La raison en est les changements extraordinaires et soudains de température, qui provoquent l'expansion et la contraction des cellules et des fibres , en particulier dans le bois, ce qui entraîne des fissures. Ainsi, les meubles et les sculptures vieillis, qui sont restés inchangés pendant des siècles, voire pendant mille ans, dans n'importe quelle partie de l'Europe, rétrécissent et se fendent très souvent dans le délai d'un mois après avoir été placés dans un salon ou une salle à manger à Boston ou à Philadelphie, comme Je le sais par triste expérience. Ainsi j'ai connu une très belle mandoline italienne , vieille de trois cents ans, richement incrustée d'ivoire, se rétrécir et se déformer tellement en Amérique qu'un raccommodeur professionnel déclara qu'on ne pouvait rien en faire. La table d'harmonie s'était recroquevillée comme un rouleau et s'était fendue, et la mosaïque ou l'incrustation était tombée en morceaux.

Motifs découpés dans des copeaux de bois.

Dans un tel cas, détachez soigneusement la ou les pièces déformées et humidifiez soigneusement le côté concave avec une éponge jusqu'à ce qu'il reprenne sa planéité ou sa forme habituelle. Lorsque cet objectif est atteint, prenez des copeaux très fins d'un bois ferme, aussi fins qu'ils peuvent être rasés, et collez-les transversalement, ou *fil à travers le fil*, sur le côté inférieur ou uni de la planche. Cela empêchera probablement toute déformation à l'avenir, surtout si l'on utilise le meilleur mastic et la meilleure colle de poisson. Il convient de noter ici que là où les copeaux ne peuvent être obtenus, on peut utiliser du parchemin fin ou même du papier à lettres, et qu'un bon vernis résistant, ou pas trop fin, peut être utilisé comme liant. Il existe de nombreux cas dans lesquels le parchemin ou le papier sont préférables au bois pour la réparation, car ils sont moins susceptibles de se déformer ou de se fissurer.

LES COPEAUX DE BOIS , encore peu utilisés en art, ont pourtant devant eux « un grand avenir ». Combinés avec de la colle ou d'autres liants, ils peuvent être transformés, même sous le rouleau à main, en planches qui ont l'avantage de pouvoir être moulées , courbées ou tournées pour s'adapter à de nombreuses situations d'urgence qui nécessiteraient beaucoup de scie ou de scie. travail de sculpture.

Il n'est pas rare d'employer des placages ou des feuilles de bois très minces pour protéger le fil du bois là où un rétrécissement est à craindre, comme dans les tablettes à peindre ou les panneaux, et il est très dommage que cette précaution très bon marché soit si simple. peu utilisé. Mais il est très peu de cas où les copeaux ne sont pas aussi applicables, et ils ont le grand avantage de pouvoir se procurer partout où il y a du rabot et du bois.

Les trous ou les défauts dans le bois, par exemple dans les toits en bardeaux américains ou sur les côtés en planches à clin des maisons, peuvent souvent être réparés à moindre coût et plus facilement avec des copeaux et de la colle (dans laquelle de l'huile est infusée) que par tout autre moyen. Et l'on peut observer qu'une telle couche de copeaux et de colle, appliquée sur une toiture neuve, est la protection la moins chère et la plus efficace contre la pluie, le soleil ou le gel.

Dans certains travaux, les copeaux de bois peuvent être avantageusement combinés avec du papier pour donner une surface solide et lisse et un corps ferme. Ici, la pâte à papier, avec ou sans sciure, est d'abord introduite dans les cavités, et les copeaux y sont ajoutés.

Les copeaux et la colle sont excellents pour la réparation temporaire des bateaux, et si la réparation est *correctement exécutée* , elle sera aussi durable que le bois d'origine. Il serait en effet facile de fabriquer un canot entièrement avec des copeaux et de la colle. Si le rouleau à main est bien utilisé et soigneusement appliqué, le résultat sera un tissu très ferme.

Motif à découper dans des copeaux et à appliquer avec de la Colle sur un Panneau.

Il peut être utile de savoir que, dans la nature, là où un forestier possède un *rabot* (et il peut toujours en fabriquer un s'il a un ciseau, qui, encore une fois, peut être fabriqué à partir d'une lame de couteau), il peut faire des copeaux, et avec avec ceux-ci et une sorte de *liant* - même de l'argile - il peut poser un sol sec et dur, lorsqu'il n'est peut-être pas possible d'obtenir des planches. Le substrat peut être en argile battue ou en pierre. S'il est suffisamment épais et bien roulé, un tel sol sera imperméable à l'humidité.

N'importe quelle surface peut être très bien *plaquée* avec des copeaux et de la colle. Lisser la surface par pression ou au rouleau, et une fois sèche, passer du papier de verre. Les facettes sont souvent introuvables ; on peut se procurer des copeaux dans tous les ateliers de menuiserie.

Non seulement des cannes très solides et élastiques, mais même *des arcs* de qualité supérieure peuvent être fabriqués à partir de copeaux. Les Indiens d'Amérique du Pacifique fabriquent cette dernière en collant et en pressant avec le plus grand soin un rasage sur un autre. On peut comprendre que lorsque le grain, comme dans un morceau de bois, s'écoule *dans* un sens, il se fendra avec le grain. Mais là où il n'est pas uniforme ou connecté, et est très puissamment incorporé par pression avec un bon liant, nous pouvons facilement avoir un tissu très élastique et résistant, moins susceptible de se fendre que le bois. Ainsi, nous pouvons fabriquer à partir de copeaux de caryer un bois moins susceptible de se déformer ou de se fendre que le bois d'origine lui-même.

Les copeaux de bois et la colle sont admirablement adaptés à la réparation des caisses cassées ou de tous autres articles en bois, notamment pour lisser les surfaces grossièrement réparées et boucher les trous de nœuds ou autres défauts. Dans tous les cas, lorsque cela est possible , utilisez le rouleau et, lors du collage d'une pièce sur l'autre, croisez les grains.

LES INSTRUMENTS DE MUSIQUE , comme les guitares, les violons et les mandolines, se réparent très facilement avec des copeaux et de la colle ; et c'est en effet, dans bien des cas, le meilleur moyen de réparation, puisque, même si un morceau de bois peut ou non altérer le son, les copeaux donnent toujours une bonne vibration. Et lorsqu'il est tout à fait au-delà du pouvoir de tout amateur ordinaire, par exemple une dame, d'insérer un morceau de bois ou d'en appliquer un, ou d'obtenir une épaisseur convenable, n'importe qui avec soin peut coller de fins copeaux - plus ils sont fins, mieux c'est. — jusqu'à ce que le défaut soit réparé. Dans de nombreux cas, le parchemin ou le papier feront tout aussi bien l'affaire, et j'ai moi-même ainsi parfaitement raccommodé des violons qui semblaient irréprochables, et j'en suis arrivé au stade de *lasciate. ogni speranza* , ou désespoir.

Il existe cependant de nombreux cas d'objets gravement fracturés dans lesquels le propriétaire perd espoir, car il semble *impossible de commencer* . Or, « tout ce qui peut être fait peut être réparé » est vrai pour tout, sauf pour la morale, et même dans ce domaine, il y a plus à faire que ce que les hommes pensent. Et dans un grand nombre de cas, on peut utiliser avec succès des bandes de parchemin, de fines bandes de lin ou surtout des copeaux de bois. Rassemblez les bords cassés s'ils se déforment et fixez-les avec la bande et le ciment le plus résistant ; c'est-à-dire avec de petits morceaux de « fixation ». N'essayez pas de tout faire en même temps. Lorsque les bords sont réunis et le *liant* séché, rebouchez toutes les crevasses ou trous avec une pâte ou un « filler » adapté, pas trop d'un coup, dans certains cas. Ensuite, comme cela sera généralement nécessaire, recouvrez la surface de copeaux fins et de liant ; en séchant, limez-le ou papier de verre pour le lisser. Les copeaux feront, avec du mastic et de la colle de poisson, dans de nombreux cas, une réparation bien meilleure qu'on pourrait l' obtenir avec un morceau de bois ou de parchemin, car ils ne se fendront jamais , comme les premiers, s'ils sont appliqués transversalement ou transversalement. , ni s'étirer comme ce dernier.

Cela peut dépendre, dans de nombreux cas, du *bois* dont sont constitués les copeaux. Comme je l'ai observé, même en brousse, on peut fabriquer un rabot avec un ciseau ou un morceau de lame de couteau de table, enfoncé dans un bloc de bois ; mais ailleurs, n'importe quel charpentier fournira facilement ce qu'il demande, *ad libitum* .

La pâte ou charge de poudre de bois ou de pâte à papier sera décrite dans d'autres chapitres.

TRAVAIL ORNEMENTAL DE COPES - MARQUETERIE

Un type curieux d'ornement peut être réalisé en découpant des motifs décoratifs, des figures humaines, des animaux, des fleurs, etc., dans des copeaux avec des ciseaux ou des canifs, puis en les collant sur une planche souple et lisse. Appliquez le plus de pression possible, de manière à les faire s'enfoncer dans le bois, et une fois secs, enduisez le tout de vernis, jusqu'à ce qu'une surface uniforme soit établie. Frottez la surface séchée avec du verre le plus fin ou du papier émeri, puis lissez patiemment avec la paume de la main. Si cela est bien exécuté, le résultat sera une imitation parfaite du bois marqueté, bien que ce soit en réalité un art en soi, qui, je crois, est ma propre invention. De fines facettes peuvent également être utilisées à la place des copeaux. L'ébène ou le noyer ainsi *appliqués* sur *du mélèze* ou *du houx* réalisent un travail exquis.

Ce genre d'ornement a un grand avantage sur le bois marqueté ou la marqueterie, car les pièces qui le composent sont beaucoup moins sujettes à se détacher ou à se décoller, tandis qu'il est tout aussi beau. Et qu'on remarque que, posé avec un fil transversal, il empêche le gauchissement et fortifie le sol, tandis que l'incrustation l'affaiblit ; car pour faire le lit pour l'incrustation ou la mosaïque, nous devons creuser le lit jusqu'à ce qu'il soit extrêmement mince et sujet à se déformer, tandis que dans le travail de rasage, nous faisons une addition légère mais très fortifiante.

Une seule expérience suffira à convaincre le lecteur des mérites de cet art très utile, élégant et nouveau. Il est particulièrement applicable à l'ornementation d'albums et de couvertures de livres, où il peut être utilisé même sur du carton.

RÉPARATION D'IMAGES DE PANNEAU AVEC DES COPES

Il est souvent très difficile d'obtenir un panneau ou des bandes minces et de bien faire tout le travail lorsqu'on veut mettre en forme un panneau déformé, par exemple un tableau ancien, qui est sur le point de se fendre. L'insertion des vis est très dangereuse. J'ai moi-même, par inadvertance, fait une tache effrayante sur le visage d'une Madone. Mais si nous utilisons *des copeaux*, il n'y a pas un tel danger. Mouillez le dos jusqu'à ce que le panneau soit plat, puis collez *progressivement* les copeaux dans le sens du fil. Cela se fait aussi bien avec des petits morceaux qu'avec des gros morceaux. Avec une image, il serait bon de continuer le revêtement jusqu'à une épaisseur d'un tiers de pouce ou plus, mais un revêtement très fin contribuera grandement à empêcher la déformation ou la flexion. Les panneaux ou placages les plus fins peuvent ainsi être « sauvegardés » dans des planches pleines. Dans tous les cas où cela est possible, exercer une forte pression sur le rouleau.

RÉPARATION DE BOISERIE

« Parmi les mille projets insensés proposés par les projecteurs, il y en avait un pour transformer la sciure en planches. »—Histoire de la bulle des mers du Sud.

Très peu de gens, même parmi les ouvriers et les artistes, savent de quelle restauration remarquable et curieuse sont capables les pièces de bois les plus délabrées. Nous commencerons cependant par la réparation la plus simple, soit celle des meubles.

Lorsque les meubles ont été solidement et correctement fabriqués en chêne ou en autre bois dur, et correctement utilisés, ils dureront des siècles ; et si quelque accident imprévu enlevait des jambes ou des bras, ils peuvent être parfaitement remplacés, surtout dans les admirables vieux objets allemands de ce genre, qui étaient tous assemblés avec des épingles de bois ou au moyen de tenons et de mortaises, de sorte que, lorsque si besoin était, ils pouvaient être emballés sous forme de planches ; ils n'étaient pas non plus moins élégants pour cela. Mais si les meubles sont simplement sciés dans du peuplier ou du peuplier tendre et bon marché, et simplement collés ensemble (comme le sont la plupart des meubles bon marché fabriqués en Angleterre), ils se déformeront et se briseront bientôt, et toutes les réparations du monde ne les rendront pas meilleurs que c'était quand il était neuf. La colle est donc le matériau idéal pour la plupart des menuiseries et, comme je le montrerai, sous deux formes très différentes.

Ayant un pied de chaise cassé, qui peut cependant être remonté, préparez d'abord votre colle dans une bouilloire appropriée, c'est-à-dire un *balneum. mariæ*, ou une bouilloire dans une autre. À l'extérieur, il n'y a que de l'eau bouillante ; à l'intérieur la colle, mélangée à de l'eau. La raison en est que la colle, lorsqu'elle est ramollie avec de l'eau, sèche très rapidement sous l'action de l'air ou du feu, tandis que la chaleur plus douce de l'eau la maintient, pour ainsi dire, « vivante ».

Mais si, alors que la colle est molle, nous versons, par exemple, une cuillerée à café d'acide nitrique dans une demi-pinte de colle, elle restera molle beaucoup plus longtemps, ce qui est un secret précieux pour beaucoup, en particulier dans les cas de grosses et larges particules. les surfaces des placages doivent être collées et, lorsque le processus est lent, il est souhaitable que l'adhésif reste mou pendant plusieurs minutes. Et ici, je voudrais mentionner que la colle acide restera à l'état liquide pendant un an si elle est bien bouchée dans une bouteille. Son seul défaut est une odeur désagréable et âcre.

Cette colle peut être améliorée en la faisant de la façon suivante : — Prenez trois parts de la meilleure colle, placez-les dans huit parts d'eau, et laissez tremper le mélange quelques heures. Prenez une demi-partie d'acide chlorhydrique ou muriatique et trois quarts de partie de sulfate de zinc ; ajoutez-y la colle, et maintenez le tout à une température moyennement élevée jusqu'à ce qu'il soit fluide, c'est-à-dire faites bouillir la colle comme d'habitude dans un *balneum . mariæ* ou dans l'eau chaude, après l'avoir trempé toute la nuit dans l'eau. Incorporez ensuite l'acide chlorhydrique (ou muriatique) et le sulfate de zinc. C'est une colle de première classe. Conservez-le dans une bouteille avec un bouchon huilé ; tout autre bouchon adhérerait. Mais pour tous les travaux ordinaires, la colle, à l'acide nitrique , suffira, car elle adhère avec une grande ténacité à tout.

Cette colle, qui garde longtemps le liquide et qui tient sans s'écailler, comme le font souvent les colles ordinaires, peut aussi être faite avec du vinaigre *très fort* . Cette dernière équivaut en fait à la même chose dans la plupart des pays européens, mais surtout aux États-Unis, où, selon le New York *Tribune* , il n'y a littéralement aucun vinaigre vendu ou fabriqué, sauf à base d'acide sulfurique et d'eau. Peut-être que lorsque l'humanité aura atteint un stade plus élevé de civilisation , tous les commerçants seront obligés par la loi d'apposer sur chaque article de nourriture vendu la liste des ingrédients qui le composent. Il faudrait alors savoir quelle quantité d'oléomargarine passe pour du beurre, et quelle proportion de « délicieuses conserves » sont fabriquées à partir de pommes seules ou de navets.

Observez qu'en collant du bois ordinaire ensemble, les deux pièces à fixer doivent d'abord être *chauffées progressivement mais très bien* . Cela les rend plus enclins à « prendre » la colle. Ceci est applicable à d'autres substances.

Notez également que lorsque deux surfaces ont été collées avec de la colle à l'eau ordinaire, si elles se détachent à froid, il est très difficile de les réunifier. Mais ce n'est pas le cas de la colle acide. Et si vous avez de telles surfaces qui ne s'unissent pas, lavez-les avec de l'acide nitrique ou du vinaigre très fort, et la colle alors appliquée « prendra ». Notez également que la colle acide est beaucoup plus résistante que la colle ordinaire.

Après avoir ajusté la jambe cassée, d'abord avec une vrille étroite ou un poinçon, faites un trou traversant la fracture, puis collez les morceaux ensemble, et avant que la colle ne sèche, insérez une vis ou deux dans le trou ; *c'est-à-dire* , *vissez* les pièces ensemble. Celui-ci tiendra parfaitement, si vous enfoncez la tête de la vis dans le bois, la lissez avec une lime, puis la masticez et la peignez.

Il semble étrange que quelque chose puisse être réparé de manière à devenir plus fort qu'auparavant ; pourtant cela est littéralement vrai en ce qui concerne le pied cassé d'une chaise, une canne, une poutre, le mât ou l'espar d'un navire, ou tout autre long morceau de bois similaire. Ceci s'effectue comme suit : – Coupez les deux pièces séparées en deux « marches » ou mortaises parfaitement ajustées, comme indiqué sur cette illustration.

Fixez-les avec de la colle et des vis ; ou, mieux encore, en ajoutant aux deux deux tubes annulaires coulissants et bien ajustés, ou un long. Cela rendra le bâton plus fort qu'il ne l'était au début. Les anneaux doivent être recouverts de papier, collés, puis peints et vernis.

Les procédés de collage et de vissage sont applicables à la plupart des fractures de meubles. Lorsqu'un morceau de bois est cassé, celui-ci, ou un morceau similaire, doit être inséré. Lorsque le bois est déformé, il peut être redressé en appliquant des serviettes humides. Observez que si un panneau plat est ainsi déformé,

il faut mouiller la face supérieure ou concave, le mettre sous un poids important, et dès qu'il devient droit, le visser avec des bandes transversales. Les tiroirs fabriqués à partir de bois mal séchés sont un véritable chagrin pour le cœur. Ils se déforment et collent. Lorsque vous constatez que tel est le cas, vous pouvez vous épargner bien des ennuis en les examinant, en rabotant les obstructions et en clouant des bandes transversales de bois en travers ; c'est-à-dire des pièces dans lesquelles *le fil* de la bande croise celui du bois. Les meubles anglais de très bonne qualité et bien séchés se déforment souvent gravement en Inde ; il devrait donc être ainsi protégé. Dans la plupart des cas, cela peut être mieux réalisé avec des bandes de métal. Dans les grandes armoires, les presses ou les coffres, où se trouvent des panneaux larges et souvent fins, cette précaution doit toujours être prise. Au moment où j'écris, je viens de voir sur panneau deux tableaux précieux et magnifiquement peints, dont l'un s'était courbé et fendu en deux, tandis que l'autre était gravement déformé faute d'une telle précaution, qui n'aurait coûté qu'un centime de bande et des vis et une demi-heure de travail pour les sauver.

Il arrive très souvent lors de la réparation de meubles que l'on ne puisse compter sur aucun clou, colle ou vis. Dans ce cas, percez avec une vrille appropriée et passez le fil à travers le trou. Un fil flexible torsadé en deux brins, dont les extrémités sont correctement fixées, par exemple à la tête d'une vis, le tout enfoncé sous le niveau, peut contenir presque tout.

Les montures de miroirs ou de tableaux « ressortent » souvent au niveau des articulations. Dans de tels cas, une vis avec de la colle acidulée les rendra durables.

Mettez toujours les poignées sur les tiroirs. L'invention ou le dispositif ignoble consistant à utiliser la clé comme poignée est de loin trop courant. Les poignées métalliques en laiton sont préférables aux boutons en bois. Les clés sont souvent perdues, voire cassées. Le fond d'un tiroir doit toujours être fixé par des vis.

Lorsque le fond d'un tiroir, comme cela arrive fréquemment, rétrécit et devient trop court, de sorte qu'il y ait une longue ouverture, cette dernière doit être remplie d'une bande de bois. La principale raison pour laquelle les meubles modernes ont tendance à se détacher ou à se séparer est principalement due au fait qu'ils sont fabriqués soit à partir de bois non séchés ou tendres, comme le sapin fragile ou le peuplier, qui absorbe l'humidité de l'air puis sèche et rétrécit, soit parce qu'ils sont fait de trop de pièces collées ensemble, et cela avec une mauvaise colle bon marché.

RESTAURER LE BOIS POURRI. — Les pires cas de pourriture ou de bois vermoulu peuvent être parfaitement restaurés de cette manière : — Prenez de la sciure fine de la même espèce de bois que l'original. Qu'il soit le plus fin possible, soit coupé avec une scie raffinée, soit réduit en poudre dans un mortier. Tamisez-le. Puis avec de la colle acidulée, ou bien de la colle Salisbury unie, transparente et blanche pour bois clair, faire une pâte bien mélangée. Avec cela, vous pouvez boucher les trous (à l'aide d'une spatule ou d'un couteau flexible ou d'un coupe-papier ivoire). Mais de plus, vous pouvez ainsi fabriquer un *bois artificiel très résistant* qui peut être moulé sous n'importe quelle forme et, une fois poli à sec, en coupant la surface avec un ciseau ou une gouge plate et en utilisant une lime ou du papier de verre pour finir. En fait, vous pouvez mouler ou modeler des figurines avec cette pâte à bois seule. Le mastic est généralement utilisé pour de telles réparations, mais la pâte à bois est comme le bois et tout aussi durable.

Si vous avez un moule en plâtre de Paris, faites-le bouillir dans de l'huile, nettoyez-le, puis huilez-le. Avec la pâte à bois, vous pouvez réaliser des ornements qui peuvent être appliqués sur des surfaces en bois brut.

Les attelles, fractures, fissures, trous, coins cassés se restaurent facilement avec de la pâte à bois. Lors du moulage , les doigts doivent être huilés pour éviter qu'ils ne collent.

Toute sorte de sciure sèche peut ainsi être transformée en une pâte qui, une fois sèche, devient du bois. Il peut être fortement durci sous une presse hydraulique ou avec un rouleau à main en bois. Les femmes de ménage doivent utiliser cette composition pour combler les trous à rats ou tout type de crevasses dans les meubles, les panneaux, les portes et les murs, en particulier là où ces fissures abritent des insectes.

Il serait parfaitement possible de construire une maison entière avec un tel bois-ciment, et qui serait parfaitement durable, voire plus que le bois, puisque les poutres et les planches ainsi réalisées ne se fissurent jamais, ne se fendent ni ne se déforment. Avec lui, les voûtes et les voûtes les plus audacieuses peuvent être réalisées plus facilement qu'en pierre ou en bois, car ce dernier est habituellement travaillé. De même que les constructeurs turcs forment des dômes en faisant des cercles d'argile ou de boue, et en ajoutent progressivement au premier un plus petit, de même en utilisant de la pâte à bois, le plus grand espace pourrait être couvert ou recouvert d'un dôme sans construire d'échafaudage. Il existe de nombreux endroits dans le monde où (comme dans les prairies d'Amérique, de Russie et de Hongrie) le gros bois manque, mais où le petit bois pour la sciure est plus disponible, et pourtant où, comme le bétail abonde, la colle serait très bon marché. Ce matériau mérite une attention plus sérieuse qu'il n'en a jamais reçu.

Plus de vingt ans après avoir inventé, ou du moins projeté et mis en pratique, cette méthode de fabrication du bois artificiel, j'ai trouvé ce qui suit dans le *Manuel Général du Modelage* , par F. Goupil ; Paris, Le Bailly :—

« Pour fabriquer des vases, prenez de la sciure fine et sèche et passez-la au tamis. Il peut être transformé en pâte avec un composé de térébenthine, de résine et de cire. Ou mélangez l'adhésif avec cinq parts de colle blanche forte (*colle de Flandre*) pour une part de colle de poisson. Faites-les fondre séparément, ... versez-les ensemble, faites bouillir jusqu'à obtenir une consistance convenable et mélangez avec la sciure de bois. Grâce à ce procédé, des figures peuvent être moulées qui, une fois finies à la main, ressemblent exactement au bois sculpté.

Une autre recette consiste à prendre 750 grammes de colle forte pour 1½ kilogramme de noix de galle. A mélanger à froid. Mélanger dans de l'eau chaude avec de la sciure de bois.

Depuis que j'ai écrit ce qui précède, j'ai trouvé la recette suivante dans un MS. de 1780, un héritage familial aimablement prêté par Miss Roma Lister :—

« *Fouler du bois dans des moules aussi fins que l'ivoire, d'odeur parfumée et de couleurs indifférentes* . — Sécher la sciure de bois de tilleul dans une poêle à feu doux et la réduire en poudre fine dans un mortier de pierre. Tamisez-le sur Cambric et conservez-le dans un endroit sec et exempt de poussière. Ajoutez ensuite à quantité égale de gomme adragante et de gomme arabique 4 fois la quantité de colle pour parchemin. Faites les bouillir dans de l'eau de pompe et filtrez sur du linge. Incorporez-y la poudre de bois jusqu'à ce qu'elle devienne la substance d'une pâte épaisse ; mélangez le tout et placez-le dans une poêle glacée dans du sable chaud, pour que l'humidité s'évapore jusqu'à ce qu'il soit prêt à être coulé. Mélangez vos couleurs avec la pâte, et pour lui donner un parfum, mettez de l'huile de clou de girofle ou de rose ou autre, que vous pourrez, s'il vous plaît, mélanger avec de la poudre d'ambre. Oignez le moule avec de l'huile d'amandes et mettez-y votre pâte. Laissez sécher 4 ou 5 jours, puis retirez votre moule , et les images seront dures comme de l'ivoire. Vous pouvez couper, tourner, sculpter et raboter ce bois, et il aura un parfum agréable. Le moule est peut-être en plâtre de Paris, mais il vaudrait mieux qu'il soit en métal.

J'ajouterais à cela que là où une forte pression ou un roulement manuel peut être appliqué, cela devient très difficile. Notez également que tout bois léger et sec de texture fine peut être séché et réduit en poudre à cet effet. La pâte, même avec de la colle fine courante, peut être utilisée pour des réparations très fines. En tamisant et en pulvérisant , la poussière peut devenir aussi fine que de la farine. Un peu de verre calciné et poudré ajoute à sa solidité.

Pour fabriquer *des panneaux* pour des meubles, des murs ou des boîtes, prenez d'abord un mince panneau de bois séché, fixez deux bandes de tôle sur le dos pour éviter toute déformation, et fabriquez ou appliquez le plâtre dessus. De très belles œuvres peuvent ainsi être réalisées à moindre coût.

On peut remarquer ici que ce principe de mélanger une substance en poudre avec de la colle ou de la gomme ou un adhésif traverse tous les arts du raccommodage. La poudre de coques de noix de coco, d'ardoise, de papier, de plâtre de Paris, de cuir, d'argile, de chaux, de sable fin, et bien d'autres substances, peuvent toutes être combinées avec des colles, des acides ou des solvants chimiques de manière à former ce qu'on peut appeler génériquement *des ciments* , ou des substances, ou *des pâtes* , qui deviennent durs. Toute colle ou gomme, ou liquide qui fera adhérer deux surfaces, peut être mélangé avec la plupart des substances dures organiques ou inorganiques en poudre de manière à former une pâte qui, une fois sèche, forme une substance solide et dure, car les grains de la poudre sont ainsi cimentés ensemble. La plupart d'entre eux cèdent à l'action de l'eau, mais il y en a quelques-uns qui résistent à la fois à l'eau et au feu, qui seront tous décrits dans cet ouvrage.

L'ébène brisé peut être comblé dans les fissures avec une pâte ou un ciment très soigné et délicat fait comme suit : — Prenez des feuilles de rose séchées, ou toutes autres aussi molles, faites-les tremper dans juste assez d'eau pour les ramollir, ajoutez de la gomme adragante et de la gomme. - de l'arabe juste assez pour faire une pâte, et suffisamment de noir d'ivoire pour lui donner une couleur ébène . Faire macérer le tout dans un mortier. En Orient, on ajoute quelques gouttes d'otto de roses ou de géranium. De là sont faites des têtes , des médaillons ou tout autre petit objet. La composition durcit très fort et ressemble beaucoup à l'ébène. J'en ai réalisé moi-même de nombreux petits objets, et peux témoigner de son excellence. C'est de cette manière que sont fabriqués les chapelets noirs de Constantinople.

Un très bon ciment pour boucher les fissures des meubles ou autres boiseries est fabriqué de la façon suivante :— Une partie de résine finement pulvérisée et deux parties de cire jaune sont fondues ensemble, et à cela sont ajoutées deux parties d'ocre finement pulvérisée , ou un autre colorant approprié. substance terreuse. C'est un ciment excellent à tous égards, sauf qu'il cède à une grande chaleur. Pour toutes ces réparations, la sciure et la colle sont de loin préférables.

Lors de la réparation de meubles, n'oubliez pas que les vis tiennent beaucoup plus fermement si elles sont simplement trempées dans de la cire d'abeille ou de la térébenthine bouillante. Si vous n'êtes pas habitué à visser ou à clouer, faites simplement un trou avec un poinçon, sinon vous verrez la vis ou le clou sortir du côté de la boîte ou dans une autre direction indésirable.

Les pinces, ou morceaux de bois reliés par des vis, des attaches ou des bandes élastiques, sont indispensables pour bien coller les pièces ensemble. Ils sont cependant faciles à réaliser. Une bonne pince peut être réalisée en pliant les deux extrémités d'un morceau de fil solide. Martelez les extrémités dans le bois.

La colle est plus élastique lorsqu'elle est mélangée à un peu de glycérine . Ceci doit être pris en compte lors du mélange de colle avec de la sciure de bois pour former du bois artificiel et, en fait, dans de nombreuses fabrications et combinaisons où l'on souhaite spécialement avoir un certain degré de résistance ou de flexibilité dans l'objet fabriqué.

Utiliser des déchets est lié au raccommodage, qui ne fait qu'éviter le gaspillage . A cet effet, des copeaux de bois communs peuvent être utilisés pour un joli art. Prenez de bons copeaux de n'importe quel bois, et après les avoir humidifiés avec de la colle ou de la gomme adragante et arabique , pressez-les à plat. Coupez-les avec des ciseaux en feuilles ou transformez-les en fleurs et attachez-les ensemble. Versez ensuite dessus du plâtre liquide de Paris, dans lequel sont dissous de la gomme arabique et de l'alun. Prenez un buisson ou une plante sans feuilles et collez-y les feuilles ou les brindilles. Couvrez les endroits nus avec le gypse. Une fois sec, vernissez l'ensemble. Un professeur Heigelin , à Stuttgart, a organisé une fois une exposition de ces œuvres. Les cadres peuvent être décorés de cette manière. De la peinture, de la dorure, de l'émail ou des poudres de bronze peuvent bien entendu être appliquées. Les copeaux combinés à une colle faible soumise à la pression forment du bois ou des planches artificielles, qui peuvent être améliorés par une combinaison ultérieure avec des vieux papiers. Fabriqué avec une solution d'alun, il est ignifuge. Sa force sera proportionnelle à la pression appliquée. Il peut souvent être employé pour réparer lorsqu'un bois approprié fait défaut et présente l'avantage de pouvoir être transformé en n'importe quelle forme.

Le lecteur peut facilement se convaincre par l'expérience que ces bois artificiels faits de sciure ou de copeaux, combinés avec des adhésifs, sont très faciles à fabriquer, très bon marché et, lorsqu'ils sont bien fabriqués, extrêmement résistants. Lorsqu'une forte pression ou un roulement peut être appliqué, la quantité d'adhésif peut être diminuée. Des chiffons de lin ou de mousseline, du coton ou tout autre tissu textile peuvent être ajoutés aux copeaux, ainsi que des vieux papiers de toutes sortes. Tout ce qui est fibreux ou filandreux facilitera la liaison.

Ce sujet peut être étudié en détail dans un ouvrage intitulé *Die Verwerthung der Holtzabfälle* — La valorisation des déchets de bois, tels que les copeaux, les déchets de bois teintés, etc., montrant comment ils peuvent être convertis en bois artificiel, combustible, produits chimiques, Explosifs, etc. — par ERNST HUBBARD ; Vienne, prix 3 marks.

En Amérique, le bois de toutes sortes est scié en placages si minces qu'ils servent de papier peint, fixés avec de la colle. Lorsqu'ils sont humides, ils se plient comme du papier. Un tel placage est très utile pour réparer les surfaces en bois.

Le mastic commun n'est pas toujours fiable pour réparer le bois. Il rétrécit parfois et n'est jamais très dur. La colle à base de glycérine et de sciure de bois ou de poussière de noix de coco est préférable.

« Les rayures et les coupures fortuites peuvent être réparées simplement en les faisant fondre ou en les lavant et en les frottant à l'eau froide. Mais pour la plupart des petits défauts, un *enduit* est utilisé. Il s'agit d'une sorte de peinture ou de ciment liquide dont le but est de boucher les pores de certains bois grossiers et d'en rendre la surface plus fine. De la cire molle, de la farine et du vernis sont utilisés à cet effet.

Tout revendeur de peintures et vernis fournira un enduit pour tout travail particulier.

La teinture ou la coloration du bois est une partie importante de la réparation. "L'huilage seul est une sorte de coloration , car tout bois huilé devient beaucoup plus foncé en peu de temps." [2]

La soude dissoute dans l'eau donne au bois de chêne une teinte beaucoup plus foncée. Le thé noir et l'alun sont également utiles, et encore mieux le café très fort. Également du porter ou de la bière mélangée à de l'ombre. Aussi une décoction de feuilles de noyer bouillie. Lors de l'utilisation de ces couleurs ou de toute autre couleur , les règles suivantes doivent être strictement respectées :— (1.) Utilisez une éponge ou un pinceau, et n'appliquez pas librement la teinture ni ne la versez dessus, car vous courriez un grand risque de déformer le bois ou de le déformer. il s'est divisé. (2.) Faites preuve du plus grand soin en le séchant près d'un feu. (3.) Ne vous attendez pas à colorer d'un seul coup par une application abondante. Aussi claire que la couleur puisse paraître, toujours une fois sèche, essuyez la couleur avec un chiffon ou une peau de chamois, puis effectuez un deuxième lavage. Ce processus permettra au colorant de pénétrer plus profondément et de durer plus longtemps.

DE STEVENS , ainsi que ceux de MANDER , sont très bons et forts. Ils nécessitent généralement une dilution.

L'ammoniac est très utilisé pour donner au bois une couleur sombre et riche . Le bois ainsi traité, s'il est ensuite exposé à la fumée d'un feu de bois, prend un aspect très ancien. Le bichromate de potasse avec de l'eau est un bon colorant foncé, mais il doit être manipulé avec précaution, car il est très toxique et nocif pour les vêtements. Il est utilisé pour donner une qualité imperméable à certains ciments.

Une bonne encre d'écriture est une très bonne teinture noire. Lorsqu'elle est bien sèche, huilez-la, frottez-la et polissez-la, et l'encre résistera beaucoup au mouillage.

Il ne faut pas oublier qu'avec l'encre, comme avec les teintures , il faut toujours faire au moins deux applications, et que la première doit être très soigneusement séchée, si possible, sous une forte lumière, mais pas au soleil, avant d'appliquer la seconde. . Trois couches d'encre la plus noire, bien séchées, puis bien frottées et enfin huilées, forment une couverture presque imperméable.

Lorsque des panneaux de marqueterie ou de bois marqueté de différentes couleurs sont brisés ou nécessitent d'être remplacés, on peut le faire de la manière suivante : Prenez un panneau de bois blanc, fin et très ferme : le houx est le meilleur ; à côté du mélèze suisse ou allemand, dessinez dessus votre motif, puis avec un canif parcourez tout le motif en coupant le panneau d'environ un quart de pouce, ou plutôt moins, en aucun cas assez loin pour couper. Remplissez ensuite soigneusement toutes ces lignes avec un ciment ferme, et laissez bien sécher. Ensuite, avec un colorant (et non avec de la peinture), colorez chaque pièce de manière appropriée. Le ciment et les lignes empêcheront le colorant de se propager d'une pièce à l'autre. C'est ce qu'on appelle la marqueterie vénitienne. Une fois terminé, appliquez le vernis *Soehnée* , et frottez très soigneusement à la main. C'est un travail très beau et facile, qui ne se distingue pas, lorsqu'il est bien fait, d'une véritable marqueterie. Des meubles anciens très bon marché et simples peuvent être facilement rendus très élégants en appliquant des panneaux, etc., de ce travail. Le lecteur peut commencer avec une petite boîte ou un tabouret à trois pieds, travaillant directement sur le bois, et sera ensuite probablement encouragé à continuer. Les motifs marron foncé sur du bois jaune clair ont fière allure.

Ce travail est très facile et élégant, très peu fait, et peut donc être rentable. Tout type de bois clair ou blanc, comme le sapin ou le pin, peut être utilisé pour la décoration commune. Des violons et des guitares bon marché sont parfois transformés en beaux ornements pour les pièces grâce à ce procédé. Pour les modèles à cet effet, consultez les Manuals of Design, Wood-Carving et Leather-Work, de l'auteur (Whittaker & Co., No. 2 White Hart Street, Londres, EC).

La marqueterie peut aussi être réparée en faisant et en colorant de la pâte à bois, auquel cas préparez le terrain avec beaucoup de soin, en le rendant rugueux, pour retenir la colle ; aussi en utilisant des ciments colorés , comme le pain, bien travaillés avec de la poudre et de la colle glycérinée .

Il ne semble pas venir à l'esprit de beaucoup de gens, même ceux qui vivent à la campagne, qu'il existe une grande quantité de meubles solides, simples et utiles qui peuvent être facilement fabriqués à la maison et à peu de frais, les planches de bonne qualité étant bon marché. assez. Avec quelques leçons chez un expert, ou encore avec l'étude d'un bon manuel élémentaire d'ébénisterie, tout amateur peut réussir. Quiconque peut fabriquer une bonne boîte peut fabriquer une chaise antique, et celle-ci peut, aussi simple soit-elle, être sculptée, teintée ou marquetée pour la beauté ; mais qu'il se méfie des courbes sciées.

Lorsqu'il y a des vers dans les meubles ou dans d'autres bois, il faut toujours les exterminer très rapidement, sinon ils le détruiront à temps. Pour les éliminer, dissolvez 2 drachmes de sublimé corrosif dans 2 oz. d'alcool à brûler et 2 oz. d'eau, à appliquer librement avec une plume ou un pinceau. C'est un remède infaillible ; mais le mélange est toxique et doit donc être conservé étiqueté hors de danger (*Work* , septembre 1892).

Pour restaurer ou réparer des boiseries, nous devons avoir une certaine connaissance non seulement des peintures, vernis, mastics et mastics, mais aussi des agents qui empêchent les changements organiques ou sont applicables à des accidents particuliers. L'un des principaux d'entre eux est connu sous le nom *de nouage* . Ses propriétés et sa nature générale sont librement expliquées dans l'article suivant de *The Decorator* , septembre 1892 : -

---

« Le 'Knotting', ou, comme on l'écrit habituellement, *Patent Knotting* , est un fluide semi-transparent à séchage rapide. Il est fabriqué à partir de naphta et de gomme laque ; d'où sa nature à séchage rapide. Les nœuds des boiseries, notamment du pin, contiennent beaucoup de résine, qui s'échappe progressivement de la surface. Cette résine va rapidement assombrir, et finalement détruire, le film couvrant de peinture à l'huile avec lequel les boiseries sont habituellement recouvertes. L'objectif du revêtement des nœuds dans les boiseries avec une « composition de nouage brevetée » est de sceller, pour ainsi dire, la résine. Dans l'histoire antérieure des procédés de peinture en bâtiment, un mélange de minium et de colle forte, appliqué à chaud, était souvent utilisé. Le point principal en vue est d'arrêter la « cause », mais sans « effet » répréhensible ; c'est pourquoi la couverture perceptible la plus fine , pour autant qu'elle soit efficace, est la meilleure. Le *nouage breveté* du commerce est aujourd'hui l'article généralement acheté et utilisé. Les nœuds reçoivent une ou deux couches *nues* , selon la nature du nœud et la conscience de l'ouvrier. Le meilleur nouage est la couleur du vernis chêne foncé ; le pire est le plus noir et le plus sale. Il est toujours payant d'avoir le meilleur nouage, car le « nouage noir » nécessite une couche de peinture supplémentaire pour couvrir les taches sombres qui « sourient » à travers les teintes claires. Pour un travail optimal, il est généralement conseillé, surtout lorsque les boiseries doivent être finies, et peut-être polies à la main, avec un émail « blanc ivoire », de faire découper les nœuds avec un ciseau ou une gouge, puis de remplir de plomb. remplissage' dans la maladie de Carré. J'ai récemment dû faire traiter ainsi la porte d'un salon richement décoré, car, bien qu'elle fût fraîchement nouée, la résine commençait à décolorer l'œuvre, qui avait reçu environ six couches de peinture et d'émail avant que la pièce ne soit meublée - un chose très ennuyeuse et coûteuse. Très occasionnellement, les nœuds sont dorés à la meilleure feuille d'or ; on admet généralement que c'est un plan efficace à adopter, lorsqu'on n'a pas recours au gougeage, pour un travail de qualité. Nouer des boiseries n'est donc pas un détail anodin de la peinture d'une maison, surtout lorsqu'il s'agit d'un côté de porte ; cela seul, une fois fini en émail poli à la main, peut coûter un billet de dix livres à produire. La « peinture à l'étain » fera l'affaire pour un apprêt commun ; une bonne huile de lin est le principal élément requis. Toutes les nouvelles boiseries nécessitent trois couches de bonne peinture au plomb et à l'huile avant de reposer, à savoir un apprêt et deux couches de finition. C'est ce qu'on appelle la « finition des constructeurs ». Lorsqu'elle est décorée de façon permanente, elle nécessite généralement de « se remettre » sur une surface appropriée et de deux ou trois couches supplémentaires.

Il est parfois avantageux de « creuser » , *c'est-à-dire* de couper un mauvais nœud et de remplir la cavité avec du bois, de la pâte à bois ou *du carton-pierre* .

Une très belle teinture peut être donnée au bois en le frottant avec de l'acide nitrique ou sulfurique et en l'exposant à la chaleur d'un feu. De cette façon, le caryer américain peut ressembler au bois de rose. Le pin devient rouge, qui devient plus foncé avec l'augmentation de la chaleur.

RÉPARER DES MEUBLES. — Il n'y a qu'une seule règle pour réparer les chaises et les tables qui grincent et dont les pieds sont lâches. Ils doivent être *soigneusement* démontés, ce qui peut être fait avec des ciseaux, un couteau et un marteau, puis collés et vissés ou réassemblés comme ils ont été fabriqués à l'origine. Les ronds ou barreaux de chaises à l'ancienne, maintenant si rarement vus, contribuaient grandement à la solidité et à la durabilité.

J'ai déjà remarqué que lorsqu'un tiroir d'une table de bureau est gênant en collant ou en s'accrochant continuellement, retirez-le, trouvez l'endroit où il frotte et rabotez la partie gênante. S'il est fait de bois vert mal séché et déformé, clouez dessus des bandes d'étain. A quoi j'ajoute que les portes des placards, armoires, etc., qui sont rétrécies, doivent avoir des bandes de bois collées sur leurs bords. Dans certains cas, des bandes de papier suffiront comme substitut temporaire.

Il n'est pas du tout exagéré de déclarer qu'il y a deux ou trois siècles, les meubles de mauvaise qualité et de mauvaise qualité constituaient une grande exception, tandis qu'aujourd'hui, ce sont les objets de bonne facture et durables qui constituent la rareté, à la grande honte. soit-il dit, premièrement, de tous les fabricants de meubles, et, deuxièmement, du « goût » à la mode, qui préfère la légèreté à la force.

Cette légèreté trash et fragile profite largement à l'ébéniste, puisqu'il peut ainsi utiliser les morceaux de bois les moins chers et les plus petits sans valeur en les transformant en supports d' *étagères* ou de rayons légers, en dossiers croisés et en pieds de petites chaises en forme d'araignée, et toutes les parties des petits canapés courbés, qui doivent être dûment masticées, polies à la française ou complètement cachées dans du velours ou du rep. Il n'est pas rare de voir ce qui est considéré comme une pièce joliment meublée dans laquelle il n'y a pas un seul article absolument bien fait ou solide qui résisterait à un examen attentif ou à une découverte. C'est vraiment un spectacle pitoyable que de voir un chargement de tels meubles partir des ébénistes, ou du moulin où ils sont sciés à la vapeur, jusqu'à l'endroit où ils doivent être plaqués ou peints, vernissés et habillés d'élégance. Les morceaux de bois de pin et de peuplier américain jaune verdâtre collés ensemble avec de la colle et le moins de clous courts possible ont l'air si minables et minables ! Je me suis étonné, en les contemplant, de la merveilleuse audace de leurs créateurs, qui pouvaient délibérément calculer le temps qu'une telle chose durerait avant sa *débâcle* . Et comme tout est destiné à être brisé et réparé un jour ou l'autre, il est d'autant plus nécessaire que l'art de réparer soit étudié. Malheureusement, un bois mal séché ne peut pas être transformé en chêne bien séché. Pourtant, celui qui prendra la peine de s'assurer du prix de ce dernier sera étonné d'apprendre que si peu de gens en font un meuble bon, solide et résistant. "Ce n'est pas *là* qu'intervient la dépense." Si le lecteur, ayant un certain sens ou goût pour l'art, voulait fabriquer ses propres meubles, en employant un assistant rémunéré à six shillings par jour pour effectuer le sciage et le rabotage grossiers , il découvrirait qu'il pourrait avoir des meubles solides et substantiels ; et s'il ajoutait à cela autant de connaissances en matière de sculpture sur panneaux qu'il pourrait acquérir en quelques leçons, il pourrait le rendre beau.

UN CIMENT POUR LE BOIS est fabriqué comme suit :—

Caséine dix

Borax   5

Ceci est soigneusement transformé en une masse épaisse semblable à du lait. Il peut être utilisé comme colle pour le bois ou comme pâte pour le papier. Il admet de nombreuses modifications. Pour faire un très bon ciment imperméable pour le bois, ainsi que pour d'autres usages, prenez ce ciment lorsqu'il aura durci, ou après qu'il aura été appliqué, et lavez-le fréquemment avec un extrait très fort de pommes de galle. Cela forme, selon LEHNER , une union insoluble avec la caséine .

UN CIMENT TRÈS EMPLOYÉ EN CHINE pour combiner et rendre imperméables les boiseries, les vanneries, les cartons, etc., est fabriqué comme suit :

Chaux éteinte   100

Sang de bœuf brassé 75

Alun   2

Ceci est salué comme étant très solide et durable. Il est probable qu'une légère augmentation de l'alun en solution, ou une addition d'une forte infusion de pommes de galle, l'amélioreraient.

UN CIMENT IMPERMÉABLE POUR FÛTS EN BOIS est fabriqué comme suit : -

Solution forte de colle dix

Vernis à l'huile de lin   5

Oxyde de plomb   1

Faire bouillir ensemble pendant dix minutes. Ce ciment ne doit pas être mis en relation avec de la lessive (LEHNER).

Un bon ciment solide et bon marché pour assembler le bois avec du métal ou de la pierre est fabriqué avec

Colle de menuisier   50

Cendres de bois tamisées 100

Pendant que la colle est molle, incorporez-y les cendres de bois en plus ou moins grande quantité, selon leur qualité et leur finesse, jusqu'à ce qu'une masse sirupeuse se forme. L'argile peut également être combinée à ce mélange pour réaliser des moulages.

La tourbe commune de belle qualité (car il en existe différentes sortes ou degrés), soigneusement nettoyée des bâtonnets et des fibres , combinée avec de la colle commune infusée librement avec de l'acide nitrique, soumise à une forte pression, est considérée comme un substitut précieux au bois, qui peut être utilisé non seulement pour réparer, combler les fissures des arbres, reconstituer le bois pourri, etc., mais aussi pour former des blocs et des planches.

J'ai mentionné ailleurs que les copeaux sont utilisés en Allemagne. Associés à de la colle, infusés de glycérine et soumis à la pression, ils forment des planches encore moins cassantes que beaucoup d'autres d'usage courant. L' avantage particulier de ce bois artificiel est la longueur illimitée des planches qui peuvent être ainsi fabriquées, ce qui est souvent un grand désir dans les revêtements de sol, ou même dans tout bâtiment où le rattachement doit être évité. Un canot peut ainsi être réalisé sur un autre comme moule , auquel cas le ciment à raser doit être durci par des rouleaux. Il existe un livre sur ce sujet, mentionné ailleurs.

On peut observer que, comme les bois longs et larges deviennent chaque année plus rares et plus précieux , des bois artificiels provenant de plantes plus petites doivent certainement prendre leur place.

LE BADIGEON POUR BOIS est rendu plus durable et plus brillant par l'addition de colle liquide, bien mélangée. Il est encore amélioré par l'addition de lait. Cela dure tellement plus longtemps qu'un lavage ordinaire qu'il est finalement peut-être dix fois moins cher. Lorsqu'il est bien conçu , il est connu pour durer sept ans lorsqu'il est appliqué à l'extérieur de certains bâtiments gouvernementaux à Washington, aux États-Unis. Si l' on ajoute une matière colorante , telle que de la terre d'ombre, on la mélangera séparément avec la colle, et très soigneusement, avant de la joindre à la chaux. L'ajout de quelques œufs au mélange l'améliorera. La chaux préparée avec ce qui suit forme un moût encore meilleur et plus fort, qui vaut bien la dépense supplémentaire :

Colle   60

Vernis à l'huile de lin 20

Le vernis, encore *chaud* , est mélangé à la colle bouillante et doit être utilisé immédiatement. Ceci est (LEHNER) utile pour recouvrir et calfeutrer les fûts, en particulier ceux dans lesquels sont transportés des fluides tels que des spiritueux de vin hautement rectifiés. Il convient de noter que plus le mélange est chaud lors de son application, plus il pénètre profondément, mais moins il en faut finalement.

UN BON CIMENT POUR LES CHARPENTIERS :—

Chaux éteinte   50

Farine   100

Vernis à l'huile de lin   15

LES BOISERIES qui doivent être immergées ou très exposées à la pluie peuvent être cimentées avec les éléments suivants : -

Chaux calcinée   dix

Sable de silex   15

Fer (limaille de poudre)   5

Ocre   20

Poussière de briques   20

La poudre doit être bien mélangée en agitant et, juste avant utilisation, mélangée à de l'eau.

Ce qui suit peut être utilisé pour les JOINTS DES BOIS, les trous et les fissures, ou pour recouvrir les surfaces, car il constitue une excellente protection contre l'humidité. Il peut également être utilisé pour la pierre, etc. :—

Poussière de brique purifiée dix

Chaux calcinée   dix

Minerai de fer rouge purifié dix

Travaillez ceci en une pâte avec de la soude dissoute. Des modifications de cette combinaison de soude avec du fer et de la poussière de brique apparaîtront facilement à tous ceux qui ont soigneusement étudié ce travail.

Un Ciment pour le bois :—

Chaux éteinte en poudre 1

Farine de seigle   2

Vernis à l'huile de lin   1

À laquelle de la terre d'ombre brûlée ou une poudre similaire peut être ajoutée à discrétion. Ce ciment sèche lentement mais devient très dur. C'est bon pour combler les fissures, les trous, etc.

Colle française pour bois :—

La gomme arabique   1

Eau   2

Purée de pomme de terre 3-5

La sciure de bois , comme je l'ai expliqué, d'après mes propres conjectures et expériences, peut être combinée avec des ciments de manière à former un bois artificiel, qui peut être facilement moulé ou sculpté, et avec lequel toutes sortes de bois vermoulu et pourri peuvent être restaurés. . Je trouve qu'à cette fin, Lehner donne ce qui suit : -

"Prenez la sciure de bois la plus fine et combinez-la avec du vernis à l'huile de lin, en pétrissant la masse très soigneusement."

Ceci, une fois correctement combiné et travaillé, formerait un très bon bois artificiel. On peut observer ici que, parce que l'expérimentateur constate au premier essai que le bois est trop cassant ou trop dur, il ne doit pas conclure que la *recette* ne sert à rien. Ainsi, pour le préparer, il faudra prendre de la colle...

Eau   20

Colle   1

Faites d'abord bouillir la colle très soigneusement et ajoutez-y la poussière de bois la plus fine ou la poudre de coques de noix de coco. La qualité sera améliorée si celui-ci a déjà été trempé pendant quelque temps dans une solution forte d'écorce de chêne ou de pomme de galle dans de l'alcool, ou, au lieu de cette dernière, dans de l'eau. Cela permet à la poussière de s'amalgamer avec la colle. Remuez bien le tout. Une préparation plus courante ou plus grossière pour simplement réparer est réalisée en combinant du plâtre de Paris, de la colle en solution aqueuse et de la sciure de bois. La poussière d'os commune, le plâtre de Paris et la colle constituent un bon ciment pour la poussière de bois légère. Avec un peu de glycérine , il peut être utilisé pour le moulage . Ajoutez un peu de pâte à pipe, et si la poussière d'os est très fine, la surface prendra un poli très brillant. Terminez avec de l'huile et en frottant les mains. Cette composition se combine bien avec du papier parfaitement ramolli et macéré, non seulement *trempé* , pour former des panneaux qu'il faut cependant, pour les rendre durs, presser ou rouler.

CIMENTS POUR BOIS OU PLANCHES DE BOIS TENDRES :—

JE.

Caséine	500	grammes.
Eau	4	qts .
Spiritueux sal -ammoniaque	0 .5	qt.
Chaux calcinée	250	grammes.

II.

Colle	2
Eau	14
Chaux-ciment	7
Sciure	3-4

POUR LES FENTES DES ARBRES ou les fractures de l' écorce :

Pitch ou résine	50
Suif	dix
Huile de térébenthine	5
Spiritueux de vin	5

La résine est d'abord fondue, la térébenthine est ensuite incorporée, puis le suif et enfin l'alcool.

J'ai parlé du bois artificiel comme étant constitué principalement de sciure de bois combinée à un liant tel que de la colle. Il en existe cependant, à proprement parler, d'autres types. Le premier d'entre eux est fabriqué à partir de *cellulose* , qui est du bois désintégré qui conserve encore ses fibres . Il a été découvert, je crois, par hasard, à New York, il y a une trentaine d'années. Un bâton, bien ajusté, avait été laissé dans un canon lorsque celui-ci fut tiré. Le résultat fut que le bâton fut transformé en une masse pulpeuse et fibreuse, qui s'avéra être un matériau admirable pour la fabrication du papier. Ceci, combiné à de la colle, donne de bonnes planches.

Des écorces de différentes sortes sont également combinées en poudre avec de la colle pour fabriquer du bois. Dans tous ces mélanges, où il est souhaitable d'éviter la fragilité ou la dureté, il doit y avoir un mélange d'huile ou de glycérine . Il y a généralement environ 20/100 de cette dernière pour 80/100 de sciure, mais la proportion varie selon le degré d'élasticité ou de dureté recherché. Pour fabriquer des planches, le mélange est passé sous de lourds rouleaux et, une fois sec, il est ensuite traité avec une solution d'alun ou une infusion d'écorce de chêne de tanneur, pour le rendre imperméable. Ceci n'est pas nécessaire pour les travaux ou réparations ordinaires.

POUR IMITER LE CÈDRE. — Prenez n'importe quel bois blanc et faites-le bouillir plusieurs heures dans le mélange suivant :—

Cachou   200

Soude caustique   100

Eau   10 000

Celui-ci pénètre très profondément dans n'importe quel bois. C'est une très bonne protection.

PRÉPARER LE BOIS POUR LA PEINTURE. — Lorsque vous avez une planche ou une boîte, etc., si rugueuse soit-elle, et de toute espèce de bois inférieur, lissez d'abord la surface, si possible par rabotage , ou bien avec une râpe et du papier de verre. Remplissez tous les trous et fentes avec du mastic, ou du pain et de la gomme, ou de la gomme et du plâtre de Paris. Puis, avec un mélange de colle (pas trop dure) et d'enduit fin de Paris blanc, frotter sur toute la surface jusqu'à l'obtention d'un lissé parfait, et une fois bien sec enlever les irrégularités avec du papier de verre le plus fin. Peignez ensuite comme vous le souhaitez. Il s'agit d'une méthode approuvée pour réparer les vieux panneaux, qui ont tous été fabriqués avec un tel fond de plâtre et de colle.

POUR RÉPARER DES MARQUETERIES OU DES BOISERIES MARQUETÉES. — Celui-ci, comme je l'ai déjà dit et que je vais maintenant décrire plus en détail, est fait de différentes pièces de bois colorées , collées sur un panneau. Prenez un morceau de bois dur et fin, comme du houx, et sciez-le pour qu'il s'adapte exactement à l'endroit où il manque des morceaux. Dessinez le motif dessus, puis tracez-le très soigneusement avec une fine pointe de couteau, de manière à couper un peu dans le bois, mais pas *à travers* . Remplissez cette ligne ainsi découpée avec une composition de vernis et d'éventuelles poudres noires. Ensuite, avec *des teintures* , non pas de la peinture à l'huile ou de l'aquarelle , mais celles qui sont faites avec de l'alcool, coloriez le motif, une couleur distincte pour chaque pièce. Le colorant coulera et pâlira ; puis appliquez-le à nouveau, et jusqu'à ce qu'il ait la teinte désirée. Polissez le tout. C'est ce qu'on appelle la marqueterie vénitienne. Il est très facile à réaliser et donne de beaux résultats, tout à fait à la hauteur du travail scié et incrusté. De plus, il est beaucoup plus durable et beaucoup moins cher. Les colorants DE MANDER sont utilisés pour une telle coloration.

Même une seule figure de bois marquetée, placée dans un panneau, comme dans le dossier d'une chaise, donne un caractère et apparemment une plus grande valeur à l'ensemble. Une telle incrustation est facilement réalisée avec une scie à chantourner. Si nous prenons deux fines plaques de bois, l'une foncée et l'autre claire, et que nous sillonnons le même motif dans les deux, nous pouvons alors les insérer l'une dans l'autre et ainsi réaliser deux incrustations en un seul procédé. *La parqueterie* est une grande marqueterie pour les sols. Pour cela, il est bon d'étudier les formes qui peuvent être *assemblées* , comme par exemple les carrés, les losanges, les croix, les **T** , etc.

Les violons, les guitares et les luths peuvent être magnifiquement décorés grâce au procédé vénitien. Comme les couleurs ne s'usent pas et ne peuvent pas s'écailler comme les incrustations ordinaires, on verra que c'est de loin la meilleure façon de les décorer. Les meubles de toutes sortes peuvent être décorés de la même manière. Il convient particulièrement aux cadres. Étant très peu connus, les objets ainsi préparés se vendent facilement.

Lorsqu'un coin d'une vitre d'une fenêtre, comme cela arrive souvent — comme aussi pour le verre d'un cadre ou d'un miroir — est brisé , on peut facilement fabriquer ou faire fabriquer un petit ornement qui s'insérera dans le coin et cachera le défaut, cela peut être fait de bois, *de papier mâché* (ce qui est le meilleur), de mastic dur ou de ciment. Il peut être doré ou peint. Les fenêtres peuvent être joliment ornées de cette manière, même si elles ne sont pas brisées.

Miroir avec ornements en papier mâché ou pâte de bois.

SUR LA RÉPARATION ET LA RESTAURATION DE LIVRES, MANUSCRITS ET PAPIERS
AVEC DES INSTRUCTIONS POUR UNE RELIURE ET UNE RÉPARATION FACILE DU PAPIER - BOOK-WORMS

Il arrive assez souvent qu'un manuscrit ancien de valeur ou un ouvrage imprimé ancien, s'il n'est pas détruit parce qu'inutile, est vendu pour une bagatelle parce qu'il est déchiré, vermoulu ou autrement blessé. La perte de la littérature pour cette cause a été terrible, et elle l'est d'autant plus que, dans la plupart des cas, elle était le résultat d'une pure ignorance.

Le papier est une composition de lin, de coton ou d'autres fibres végétales réduites en poudre puis combinées avec *de l'ensimage* , qui est une sorte de colle, de pâte ou de liant. On peut donc réparer le papier en utilisant, sous forme molle, macérée ou pâteuse, *le papier lui-même* , ce qui, très simple, semble avoir été jusqu'ici un secret pour la plus grande partie de l'humanité. C'est-à-dire, ayant un morceau de papier percé d'un petit trou rond, comme si quelqu'un avait tiré un coup de feu à travers, prenez un autre morceau de papier de même qualité et réduisez-en une partie en une poudre très fine ou écrasez-le finement avec un couteau, mélangez-le avec une bonne pâte de farine infusée d'un peu de colle blanche claire, et faites une pâte molle avec la poudre ; puis, en posant sous la feuille un carreau de porcelaine ou un morceau de fer blanc, percé d'un trou, pour éviter qu'il ne colle, étalez la pâte, qui est du papier très doux, avec un couteau sur le trou. Une fois sec, il sera réparé de façon permanente. Observez que la pâte doit être une *pâte fine* , et non pas simplement du papier mélangé à de la pâte , *c'est-à-dire* grumeleuse et filandreuse, mais molle. Deuxièmement, un meilleur « liant » ou une meilleure taille que la pâte de farine est celui fabriqué à partir de morceaux de parchemin bouillis, jusqu'à ce que toute la gélatine soit extraite. Prenez ce dernier et laissez-le bouillir jusqu'à épaississement. Cela donne une surface finement vitrée.

Ne commencez pas à le faire avec un livre, mais avec une feuille dans laquelle des trous ont été percés. C'est un travail délicat, et il ne faut pas espérer y réussir d'un coup. Mais avec le temps, avec soin, vous refaireez le papier avec une grande habileté. Il y a des ouvriers qui peuvent même réunir les bords déchirés de cette manière, de sorte que la réparation soit presque imperceptible. C'est refaire du papier avec du papier. Dans certains cas , il suffira simplement de coller soigneusement un morceau de papier sur un espace déchiré. Cela peut être fait – comme dans la plupart des cas – de manière très maladroite, ou cela peut être exécuté de manière artistique et délicate. Dans ce dernier cas, à l'aide d'un outil très tranchant et spécialement Avec un canif à lame *fine* , rasez ou grattez le bord qui se chevauche et appliquez la pâte avec parcimonie avec la pointe d'un petit pinceau en poil de chameau. Avant qu'elle ne soit complètement sèche, posez la feuille sur une surface lisse et dure, et avec le canif ou un brunissoir, aplatissez le bord aminci pour obtenir une surface uniforme. Cela demande également un peu de pratique, mais une fois appris, l'artiste peut réaliser des miracles de restauration. On peut, et cela n'est pas rare, acheter pour shillings des livres qui, une fois réparés, se vendent plusieurs livres.

Il arrive souvent que l'on trouve un curieux petit livre ancien qui a été tristement coupé ou usé, presque jusqu'au type. Prenez-le et, avec une règle plate, découpez soigneusement chaque page en ne laissant qu'un petit bord de marge. Puis, après vous être procuré du vieux papier correspondant à votre texte, ou du bon hollandais moderne fait à la main, en utilisant de la colle-colle forte ou de la farine et de la gomme arabique , ou de la pâte à papier, réalisez des bordures, sur lesquelles coller les anciennes pages. Si vous avez du vieux papier — il y a des marchands qui peuvent vous le fournir — vous pouvez le faire si bien que la jonction sera à peine perceptible. Dans tous les cas, vous augmenterez grandement la valeur du livre. Dans ce cas, comme dans tout travail de ce genre, n'essayez jamais de restaurer quoi que ce soit de valeur avant d'avoir réussi par l'expérimentation. Cela se fait très rarement, et pourtant les livres ainsi restaurés se vendent à un prix qui doit rendre l'ouvrage très rentable. Cependant, l'une des raisons pour lesquelles nous en voyons si peu est le prix *extravagant* facturé pour tous ces travaux par l'agent qui les fournit.

Les prix payés pour les livres ainsi restaurés et montés sont extrêmement élevés, tout simplement parce qu'il y a si peu de gens qui savent bien le faire ; et pourtant, comme chacun de mes lecteurs peut le constater, cet art est facile, ne nécessitant que de la propreté et du soin. Il y a très peu de bibliothèques où de tels restaurateurs ne pourraient pas être employés, au très grand profit de la collection. Tous les acheteurs de bibliothèques rejettent continuellement les livres parce qu'ils sont en lambeaux, usés ou « troués », qui pourraient être envoyés à l'hôpital et falsifiés en valeur. Et il est en effet regrettable, pour le bien du public, que nos grandes bibliothèques ne disposent pas de magasins où les doubles et les raretés endommagées restaurées pourraient être vendues à des prix équitables et non fantaisistes. Car c'est d'abord le grand bibliothécaire qui voit et rejette le plus de livres, et qui pourrait faire un bien immense et stimuler grandement l'intérêt pour les collections et la littérature — et gagner de l'argent — s'il pouvait en faciliter également l'acquisition. L'art de restaurer et de réparer en est encore tellement à ses balbutiements, et est si peu compris et pratiqué , qu'il n'y a pas un livre sur mille, même de *rariora* et *de curiosa* , conservé comme il pourrait l'être.

Il convient peut-être d'insister sur le fait que de nombreuses personnes, notamment des femmes, si elles prennent un peu de peine à expérimenter, peuvent facilement gagner leur vie en restaurant ainsi des livres et des documents endommagés. Il existe en effet bien d'autres moyens de gagner de l'argent indiqués dans cet ouvrage.

UN VERNIS BON MARCHÉ ET DURABLE spécialement conçu pour les relieurs se prépare comme suit :— Prenez de la gomme-copal en poudre grossière, ajoutez-y de l'huile de thym (*oleum thymi serpilli*) ou de l'huile pure de romarin (*oleum rosmarini*), suffisante pour former une solution. Jetez le liquide superflu et mélangez le reste avec suffisamment d'alcool pour bien le dissoudre. Pour la préparation, ne prenez que la quantité d'huile de thym ou de romarin qui couvre le copal, et d'alcool environ huit ou dix parties pour le tout. Des vernis spéciaux, et peut-être meilleurs, sont connus de nombreux relieurs, qui les vendront ou vous indiqueront où les obtenir. Je n'en connais pas d'aussi bon que celui de SOEHNÉE , qui est cependant très cher, coûtant environ neuf pence l'once. Il est cependant plutôt fragile pour les photos.

Lorsqu'un livre est écorné ou que ses feuilles ont été tournées, si le papier est fin et de mauvaise qualité, ses chances de restauration sont meilleures que s'il était bon et rigide. Dans le premier cas, humidifiez les feuilles une à une avec de l'eau dans laquelle on a fait infuser un *peu* de gomme adragante. Il ne s'agit pas tant d'un adhésif que d'un simple raidisseur, et est utilisé tel quel pour les lacets. Aplatissez-les ensuite en plaçant un morceau de papier blanc lisse entre chaque feuille.

Il n'y a, je le crains, rien à faire là où le lecteur est assez dépourvu de tous les instincts d'un gentleman ou d'une dame au point de retourner un papier rigide, épais et hautement glacé pour marquer l'endroit ! Je viens de trouver cela fait dans un ouvrage magnifiquement illustré provenant d'une bibliothèque en circulation, et, pour aggraver l'offense, c'était sur des pages illustrées ! Je ferai ici remarquer que si chaque lecteur gardait près de lui un morceau de caoutchouc ou une gomme à effacer, et effaçait, ou du moins rendait illisible, tous les gribouillages faits dans les marges, cette pratique détestablement vulgaire cesserait bientôt.

On peut remarquer que pour réparer des pages déchirées ou des gravures, la déchirure est généralement *transversale* , c'est-à-dire de manière à laisser un petit bord de rabat. Si l'on prend de la gomme très forte en quantité très infime sur la pointe d'une brosse en poil de chameau, on réussit souvent avec beaucoup de soin à réunir parfaitement les bords. Notez qu'en cela, comme en tout, le réparateur ne doit pas tirer ses conclusions du premier effort, qui sera probablement un échec, mais d'observations et d'expérimentations fréquentes et minutieuses. Il y a merveilleusement peu de gens dans le monde qui prennent la peine de devenir de véritables bons raccommodeurs de quoi que ce soit, à l'exception de la dentelle et autres choses semblables. Il y a donc peu de choses raccommodées, sauf par des bâtards et des amateurs.

LES TACHES D'ENCRE peuvent être éliminées du papier en plaçant sous la tache un tampon de papier buvard propre ou de mousseline fine. Prenez une éponge fine, trempez-la dans du jus de citron et pressez-la doucement sur la tache, de manière à l'humidifier. Puis avec un chiffon propre, blanc et doux, plié en tampon, appuyez sur place, et le tampon, soulevé, enlèvera un peu d'encre. Répétez ce processus plusieurs fois, en prenant soin de changer à chaque fois le tampon dans votre main *pour un endroit propre* . N'essayez pas d'*effacer* la tache (comme le font la plupart des gens), mais d' *enlever* l'encre en l'aspirant ou en l'absorbant. Si vous frottez ou appuyez à nouveau sur l'encre qui vient d'être retirée, vous ne ferez qu'empirer les choses. Et ici, je voudrais observer que par ce processus de pression, d'absorption et de changement de la « ventouse » appliquée, vous pouvez dessiner des taches épouvantables sur presque n'importe quoi. Vous ne pouvez bien sûr pas empêcher l'action chimique ou le changement de couleur , mais dans la plupart des cas, c'est le meilleur processus.

Il est préférable de commencer avec du jus de citron et un peu de sel et d'eau là où le papier est fin. Lorsqu'il est fort, un mélange d'acide muriatique et d'eau extrait généralement l'encre.

Dans de nombreux cas, le liquide colorant peut être éliminé par absorption avant qu'un changement chimique dans la couleur de la matière ait pu être effectué . Il est donc très important de savoir comment le faire vous-même *immédiatement* et de ne pas attendre que vous puissiez l'envoyer chez un teinturier, un récureur ou un nettoyeur. Dans quelques heures, ce qui aurait pu être rapidement extrait ne sera plus guéri. Lorsque vous renversez de l'encre sur du papier, appliquez rapidement d'abord du papier buvard, puis essayez d'absorber. S'il reste une tache, appliquez l'acide.

POUR ÉLIMINER UN GREASE- SPOT. — Chauffez un fer à repasser (je l'effectue généralement avec un cigare allumé), et tenez-le le plus près possible de la tache sans brûler le papier. Si cela est bien fait, la graisse, la cire, etc. disparaîtront rapidement. S'il reste des traces, déposez-y pendant un certain temps de la magnésie calcinée en poudre. C'est également un bon moyen d'extraire la graisse, la cire ou l'huile du tissu. Très souvent, là où le jus de citron ou l'acide gâcherait la couleur d'un vêtement ou d'un autre tissu, le chloroforme éliminera la tache et laissera la couleur inchangée.

L'os , bien calciné et réduit en poudre, est un excellent absorbant de graisse. Il ne faut pas oublier que tous ces procédés doivent être renouvelés, car après que la poudre ou le chiffon appliqué a reçu une certaine quantité de graisse ou de teinture, celle-ci cesse d'être absorbée. Une légère pression ou un frottement, après avoir posé du papier sur la poudre, facilite l'absorption.

Le célèbre ATHANASIUS KIRCHER , qui écrivait au XVIe siècle, a laissé un récit amusant sur la façon dont, une nuit, s'arrêtant dans un couvent de Sicile, il prit un livre de la bibliothèque (c'était celui de STEPHANUS FAGUNDEZ). *À Præcep'a Ecclesiæ*) — « un livre neuf et élégamment relié » — et il répandit dessus et dedans toute l'huile de minuit de sa lampe ! Très alarmé, il envoya chercher de la chaux vive, mais il n'y en avait pas. Il ordonna donc aux moines de lui apporter des *os* , qu'il calcina, pulvérisa et appliqua rapidement. Et le lendemain matin, il n'y avait aucune trace de tache, seulement une petite odeur d'huile, qui a vite disparu. Il ajoute que du plâtre de Paris aurait fait aussi bien l'affaire.

Vérifiez soigneusement la nature de la tache avant de tenter de l'extraire. Pour les substances résineuses, utilisez de l'alcool, de l'eau de Cologne ou de la térébenthine. La benzine extrait plusieurs substances.

Une vieille recette pour enlever les taches d'encre consistait à prendre une cuillerée de bonne eau-forte , dans laquelle casser un morceau de craie de la grosseur d'un gros grain d'orge ; ajoutez deux cuillerées d'eau de rose et une de vinaigre. Mélangez le tout dans un verre propre et laissez reposer plusieurs heures. Il s'applique avec un morceau d'éponge neuve, par pression, ni trop librement ni trop longtemps. Lorsque le papier est presque sec, renouvelez l'opération, et lorsque l'encre aura disparu, lavez promptement l'acide avec de l'eau pure et un chiffon de lin propre. (Mais il est *trop résistant* pour de nombreux tissus.)

Lorsque l'encre ne pénètre pas dans le papier , elle peut être éliminée en effaçant avec un canif bien aiguisé ou avec une préparation d'encre vulcanisée . Indecaoutchouc et pierre ponce en poudre vendus par la plupart des papetiers. Lorsque celui-ci ne « mord pas », son action peut être facilitée en l'humidifiant très légèrement. Après effacement, frottez la tache grattée avec de la pierre ponce très finement pulvérisée et polissez avec un brunisseur ou toute autre substance lisse.

Même lorsqu'un encrier a été renversé sur une page imprimée ou longuement écrite, nous pouvons, par une action rapide, extraire la nouvelle encre et laisser l'ancienne plaine comme avant ; mais le lecteur qui espère accomplir ce miracle de changer la nuit en jour ne doit pas attendre que l'accident se produise pour tenter d'y remédier, sinon il échouera probablement. Qu'il verse d'abord, non pas une mais souvent, de l'encre sur quelque page inutile et sans valeur, et qu'il expérimente ensuite d'abord avec le papier buvard, puis avec les acides dilués et le rembourrage. Le temps ne sera en aucun cas perdu.

Une tache d'encre fraîche peut être facilement éliminée du papier en la frottant avec un mélange finement pulvérisé de salpêtre , de soufre , d'alun et de pierre ponce. Si la tache est ancienne, humidifiez-la d'abord un peu avec de l'eau.

Taches d'encre, etc., dans les anciens MSS. étaient parfois ingénieusement recouvertes d'ornements en or ou en couleur .

Lorsqu'il manque une page entière ou plusieurs pages d'un livre, il arrive souvent qu'un imprimeur ingénieux puisse restaurer l'ensemble, à un coût bien moindre qu'on ne le supposerait. Il existe de nombreux livres pour lesquels il vaudrait la peine de faire fondre les caractères, car même avec une page ainsi restaurée, le livre peut valoir dix fois plus que s'il manquait. Les pages manquantes sont souvent fournies par des fac-similés photographiques provenant d'un autre exemplaire.

Ce n'est qu'hier, au moment où j'écris, ici à Florence, que j'ai entendu un touriste déclarer qu'il n'y avait rien qui valait la peine d'être acheté et que tout ce qui était curieux était immédiatement arraché. Ce à quoi je ne pouvais pas consentir, n'ayant jamais vu ces derniers temps autant d'objets que je considérais comme de bonnes affaires. Mais ils étaient tous *délabrés* et le touriste aime généralement voir tout dans un état splendide. Pour celui qui sait restaurer des livres anciens, des ivoires, des ouvrages en cuir et des tableaux sur panneaux, les bonnes affaires ne manqueront longtemps nulle part. Les hommes qui vendent ne sont pas tous aussi merveilleux experts en matière de raccommodage, de réparation et de forge que les marchands de littérature en matière de merveilleux voudraient nous le faire croire. S'ils étaient si intelligents , ils ne laisseraient pas de précieux tableaux se diviser en deux sous leurs yeux, faute de savoir comment les redresser et les clouer pour un sou. Il y a une abondance de forges habiles, d'ivoires menteurs, d'argenterie et de faux cuirs anciens, mais il y a très peu de restauration d'objets plus petits ou isolés ; et il y a, comme je l'ai dit, dans ce domaine un vaste domaine pour tout collectionneur qui en sait assez pour mettre en pratique ce qui est enseigné dans ce livre. Il est si loin d'être vrai que tout s'arrache maintenant, que j'affirme avec assurance qu'il n'y a guère de magasin *de bric -à- brac* en Europe où un réparateur qualifié ne puisse trouver une bonne affaire, et dans la plupart des cas plusieurs.

Il sera souvent utile au raccommodeur de livres de pouvoir préparer lui-même du papier parchemin. Si nous prenons un mélange d' une partie d'acide nitrique pour trois parties d'eau — les proportions variant beaucoup selon la qualité de l'acide et du papier — et que nous y trempons un morceau de papier doux et non glacé, celui-ci durcira aussitôt en un substance comme du parchemin. Il doit être immédiatement lavé avec de l'eau pure. Je peux ici observer que ni pour faire ceci ni pour autre chose, l'opérateur ne doit se contenter d'une seule expérience.

Concernant le papier, il existe certains faits curieux qui méritent d'être connus par tout lecteur. Avant l'invention ou l'usage général des vitres, une sorte de papier très transparent était, selon KIRCHER (*De Secretis*), préparé comme suit :

Prenez du papier du moulin, non encore encollé, et mélangez-y six parties de térébenthine et deux de mastic. Cela donne vraiment un médium très clair, ou du moins diaphane, qui peut être utilisé pour réparer temporairement des vitres brisées.

Le même écrivain nous informe que si l'on prend du parchemin fin (*pergamenam hædinum*), préparé sans chaux, ou séché naturellement, on le mettra dans de l'eau, qui le couvrira tout juste, dans laquelle on aura bien infusé du miel bouilli et du blanc d'œufs. Cela servait à réparer les fenêtres en verre coloré .

Il est également donné dans le *Zauberbuch* de JOHANN WALLBERGER , Francfort, 1760, une recette dans le même but :—

"Prenez du parchemin préparé sans chaux, et faites-le tremper dans un mélange de gomme arabique épaisse dissoute dans l'eau, le jaune d'oeuf bien secoué et le miel clarifié."

Il convient d'observer, en ce qui concerne ces recettes tirées d'ouvrages anciens, que si celles fondées sur la chimie et l'expérimentation modernes sont généralement moins chères et apparemment meilleures, les premières ont souvent un effet plus *durable* et ont en fait été testées plus minutieusement. Il y avait à cette époque de nombreuses fenêtres en parchemin, et il n'y en a plus aujourd'hui. Et dans ces œuvres anciennes de PORTA , WECKERUS , TENZELIUS , KIRCHER , ALEXANDRE DE PIÉMONT , MIZALDUS , VALENTINE KRAUTEMANN et bien d'autres dont j'ai une grande collection, il y a beaucoup de prescriptions curieuses, dont beaucoup j'ai vu ressusciter de temps en temps. ces dernières années, comme les inventions scientifiques modernes – sujet sur lequel un article intéressant pourrait être écrit.

Une solution faible d'acide oxalique dans l'eau est souvent la meilleure solution pour éliminer l'encre et autres taches sur du papier ou du lin blanc résistant. Il doit être appliqué en appuyant doucement ou *en tamponnant* (et non en frottant) avec un coton. Dès que la tache est enlevée, tamponnez-la à nouveau avec de l'eau propre. Faites cependant bien attention à ce qu'il n'y ait pas d'égratignures ou de coupures sur vos doigts, car si l'acide y pénètre, cela provoquera une grande douleur.

Je puis mentionner ici que l'ancienne pâte de relieur était fabriquée de la manière suivante : -

Prenez un quart de livre d'amidon, faites-le tremper un quart d'heure dans l'eau et remuez jusqu'à ce qu'il soit laiteux. Ajoutez une pincée d'alun et faites bouillir à nouveau.

On disait que cette pâte se conservait mieux que la pâte à base de farine . (Ajoutez quelques gouttes d'huile de clou de girofle ou d'acide phénique, et cela se conservera très bien.) La farine peut cependant être utilisée à la place de l'amidon, et vous obtiendrez un bon adhésif. Un peu de colle l'améliore beaucoup. Il existe une grande différence dans la qualité du ciment obtenu à partir du pain, car l'état de ce dernier a été modifié par la fermentation.

OBLIGATOIRE. — La réparation de livres est presque voisine de *la reliure* , et cette dernière est, en perfection, un art assez difficile. Pourtant, il n'est pas du tout difficile pour une personne soigneuse de relier de nombreux ouvrages de telle manière qu'ils supportent beaucoup de lecture et qu'avec un peu d'habileté artistique ils paraissent très bien. Cela peut être effectué comme suit : -

Lorsqu'un livre est cousu ensemble, on coud au dos deux ou plusieurs morceaux croisés de ficelle ou bandes de mousseline, qui dépassent un peu de chaque côté, et qui, en étant collés à l'intérieur de la couverture sous une feuille, maintiennent le livre. et couvrir ensemble. Ceci est parfois renforcé par une autre bande de mousseline. Lorsque le dos est fermement gommé ou collé au livre, de manière à se plier avec lui, on parle de dos flexible, ce qui ajoute également à la solidité de l'ensemble.

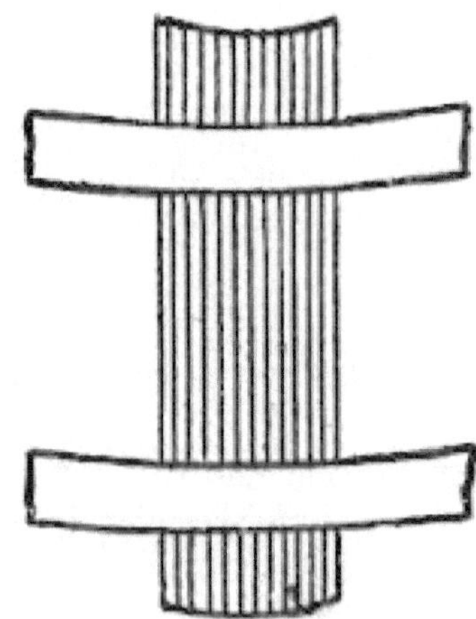

Si le lecteur veut maintenant prendre un livre simplement cousu ou cousu, sans reliure, et place sur son dos deux ou plusieurs bandes de parchemin, et les colle dessus avec le ciment le plus résistant possible (le mastic étant le meilleur, mais la colle ou la farine acidulée) coller avec de la colle, ou même de la pâte de dextrine , répondra à l'objectif — et s'il veut encore coller dessus de haut en bas une bande juste de la largeur du dos, il aura tout ce qui est nécessaire pour faire une reliure solide, pour cela tiendra ainsi que les cordes. Notez que les bandes de parchemin doivent d'abord être soigneusement mouillées et macérées, ou froissées jusqu'à ce qu'elles soient assez molles. Encore une fois, lorsque la pâte est presque sèche, la bande doit être frottée.

Découpez ensuite deux morceaux de carton *résistant* , chacun un peu plus grand que la longueur et la largeur du livre. Ce sont les couvertures.

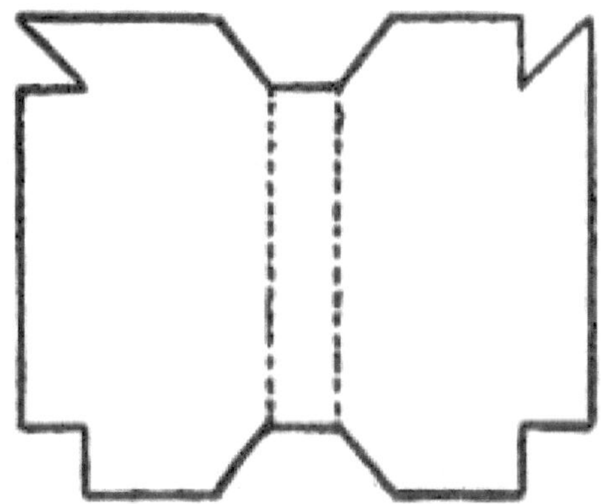

Collez maintenant l'extérieur des *sangles* exactement à l'intérieur des housses, en laissant juste assez d'espace pour l'ouverture et la fermeture. Une fois sec, le livre doit s'ouvrir et se fermer facilement. Prenez ensuite la couverture extérieure en cuir ou en tissu, qui est découpée selon la forme indiquée dans le schéma ci-joint, collez-la bien sur le dos, puis retournez les bords et collez-les sur la couverture intérieure, de manière à former un étroit. marge, comme on peut le constater en examinant n'importe quel livre. Rabattez également, avant de faire cela, les bords aux extrémités du livre. La reliure sera beaucoup plus solide si, après avoir collé les extrémités des bandes de parchemin sur les couvertures, on colle dessus tour à tour de bons morceaux de papier solides, près du dos, pour empêcher les bandes de se relever.

S'il y a des feuilles volantes ou vierges sur les côtés du livre, collez-en une de chaque sur l'intérieur de la couverture. Cela masquera la marge et ajoutera grandement à la force du livre. Mais s'il n'y en a pas, vous pouvez les fournir, premièrement, par une méthode qui rendra votre reliure encore plus solide que celle de la plupart des livres. Prenez un morceau très résistant, disons, de papier à dessin Whatman ou tout autre bon papier à dessin en lin résistant, juste de la taille de couvrir tout le livre, c'est-à-dire le dos et les côtés. Découpez-y quatre fentes, passez-y les bandes qui doivent lier le livre à la couverture, collez-les, puis collez la feuille de garde ainsi ajoutée sur les bandes. Mais cela répondra à tous les besoins si vous collez simplement les feuilles de mouche avec une marge très étroite d'« adhésif ». Tout cela deviendra clair pour quiconque examinera attentivement un livre. Et quiconque a la dextérité de plier soigneusement une lettre ou de boucler convenablement un colis peut, en peu de temps, après une ou deux expériences, réussir à relier un livre de cette manière. J'ai observé que ceux qui échouent en tant que relieurs amateurs le font généralement parce qu'ils tentent trop, trop tôt, et visent à produire des chefs-d'œuvre élégants avant d'avoir appris à gérer avec aisance un travail aussi commun que celui que j'ai décrit.

Bien que cette manière de relier soit peu connue, elle fut, chose étrange, la toute première qui ait été pratiquée ; car, selon OLYMPIODORE , un certain PHILATIUS fut le premier à enseigner l'usage de *la colle* pour attacher ensemble des feuilles écrites ou vierges, ce pour quoi une grande découverte lui fut érigée. Les relieurs étaient appelés chez les Romains *ligatores* , comme on l'appelle encore en Italie, *legatori* ; et c'est ici, en effet, que j'ai moi-même appris le métier, puisque je relie désormais généralement mes propres livres. Ceux qui préparaient et vendaient les couvertures pour les libraires romains étaient appelés *scrutarii* .

Il existe un moyen très simple de relier des brochures, des manuscrits ou des lettres lorsqu'ils ont une marge pour le dos. Si vous ne pouvez pas les faire coudre – ce qui, bien que difficile pour un inexpérimenté, peut être fait pour une bagatelle – alors cousez-les ensemble d'un côté à l'autre. Lorsque les pages sont de grande valeur, collez-les ensemble au moyen d'une bande adhésive *très étroite doublée ou pliée.* Ceci fait, reliez comme avant, ou bien collez simplement sur une couverture de papier à dessin au dos, et les pages de garde sur les côtés. Une grande quantité de littérature en vrac, de feuilles volantes, de coupures de journaux, de lettres, etc., peuvent ainsi, sans grande dépense de temps ni d'argent, être converties en livres vraiment précieux.

Je peux ici observer que les tissus pour la reliure, le cuir fin et même le parchemin ordinaire ou le papier parchemin sont beaucoup moins chers qu'on ne le supposerait, et que le coût moyen, toutes dépenses comprises, de la reliure d'un livre in-2 en ces matériaux ne serait que de trois pence pour un shilling. Tout vieux parchemin servira à relier.

Cependant, quiconque sait gaufrer le cuir avec un traceur et un tampon, même si peu, après une semaine de pratique, peut décorer et orner des livres de manière à en rehausser grandement la valeur. Je n'exagère pas non plus lorsque je dis qu'il s'agit là d'un domaine dans lequel toute personne capable de dessiner ou de copier des motifs décoratifs avec une certaine compétence pourrait gagner sa vie. Le lecteur trouvera les détails les plus complets sur la façon dont cela se fait dans mon *Manuel de travail du cuir* . (Prix 5 s. Londres,

Whittaker & Co., 2 White Hart Street, EC) Dans le présent ouvrage, je peux seulement affirmer qu'il est exécuté comme suit : — Reliez votre livre avec du carton dans un cuir brun assez épais, dur et ferme ; il en existe une sorte faite à cet effet en Allemagne. Dessinez le motif dessus, ou bien dessinez-le sur papier avec un crayon-crayon, et frottez-le par l'envers sur le cuir. Ceci fait, repassez-le avec la pointe fine d'un pinceau miniature à l'encre de Chine. Humidifiez légèrement le cuir en travaillant avec une éponge, marquez le contour avec un traceur et tamponnez le fond avec un passe-partout. Vous pouvez le laisser brun, mais si le travail est grossier, je conseille de peindre le tout à l'encre ou à l'encre de Chine, puis de l'enduire de vernis SOEHNÉE n° 3. Frottez bien à la main.

Si vous pouvez fournir le dessin (qui doit toujours être audacieux et simple), n'importe quel sculpteur sur bois l'exécutera, pour quelques shillings, en taille-douce *sur* un bloc de bois, qui doit avoir au moins un pouce d'épaisseur, et avoir également une pièce transversale vissée à son dos pour éviter sa déformation. Avec cela, vous pouvez tamponner autant de couvertures que vous le souhaitez. Retouchez-les à la main avec traceur et tampon. S'ils sont noircis, puis retouchés avec de la dorure et vernis, ces livres sont très attrayants et devraient bien se vendre. Toute personne capable de concevoir, ou même de tracer, un motif peut le faire découper sur un bloc pour quelques shillings, et toute personne possédant un tel bloc peut imprimer un nombre illimité d'impressions sur du cuir humide et les retoucher avec un tampon et un traceur, et collez-les sur des couvertures en carton, pour des livres ou des albums, et vendez-les avec un bon profit. Pourtant, bien que j'aie clairement exposé cela à plusieurs reprises dans des manuels, etc., je n'ai encore jamais rencontré un seul amateur qui l'ait tenté. En règle générale, il y a bien plus de souffrances dans ce monde dues à *la paresse* , à l'inertie et à l'indisposition à *essayer* de faire quelque chose que de toute autre influence contaminante qui conduit à la pauvreté.

Lorsqu'un livre est même terriblement délabré, au point qu'il n'y a plus de marge à coudre, ne désespérez pas. Séparez d'abord chaque feuille, lissez-la et, si nécessaire, humidifiez-la avec une légère infusion d'adragante. Ensuite, s'il reste ne serait-ce qu'un vingtième de pouce de marge, prenez des bandes de bon papier, résistant et fin, et cousez avec soin les feuilles sur ces bandes. Pour certains cas graves, il faudra utiliser du papier transparent ou calque très fin pour coller le texte, mais qui doit être visible à travers celui-ci. Ceci, s'il est bien fait, n'a pas l'air si mal qu'il y paraît. Si une bande est pliée et utilisée pour relier deux feuilles, la couture et la reliure deviennent faciles. J'ai déjà décrit comment restaurer les marges et combler les trous de vers.

Je pense que si quelqu'un ayant des habitudes littéraires considère tout ce qui est écrit dans ce chapitre et commence à le mettre en pratique avec délibération et soin, il réussira sûrement et trouvera cela une occupation très profitable et agréable. Tous ces hommes ont des brochures, des manuscrits, des autographes, des lettres, des coupures de journaux et des documents qui, s'ils étaient classés et rassemblés sous forme de livre, seraient plus facilement utilisables et bien plus précieux. Je ne parle pas de réparer de vieux livres ; il parle de lui-même comme d'un emploi facile et lucratif. Et l'on peut observer qu'un jeune homme capable de lier et de réparer ainsi ferait un assistant-bibliothécaire des plus précieux, bien que l'affaire puisse être maîtrisée très rapidement ; et il arrive souvent qu'en choisissant un secrétaire, où il y a beaucoup de papiers à classer ou une bibliothèque à entretenir, ou un assistant dans une librairie ancienne - surtout cette dernière - on donne la préférence à quelqu'un qui maîtrise pratiquement ce qu'est l'art. est enseigné dans ce chapitre. Et comme à bord du navire, le meilleur marin est généralement le meilleur réparateur – chaque vieux goudron étant proverbialement habile à réparer et ayant un œil rapide pour les urgences, même à terre – de même, celui qui peut réhabiliter et « former » des livres sera probablement un bon assistant en toutes choses.

Il arrive souvent à un écrivain ou à un copiste qu'il ait besoin d'effacer un mot et qu'il ne puisse pas écrire sur l'espace, de peur que l'encre ne se répande. Dans les temps anciens, on remédiait à ce problème de la manière suivante : on frottait sur cet endroit avec un chiffon de lin doux un tout petit peu de gomme de genièvre, réduite en poudre la plus fine.

Dans toutes sortes de travaux de réparation ou techniques, il est parfois nécessaire de tracer des cercles lorsque l'artiste ne dispose pas de compas. Pourtant, cela peut être réalisé à la perfection, presque à main levée, et très facilement. Prenez plusieurs feuilles de papier ou un buvard ; posez dessus la pièce sur laquelle dessiner. Prenez un crayon dans les doigts, comme d'habitude, posez la main sur l'ongle du petit doigt en guise de pointe - après avoir bien remonté la manche de son manteau, de manière à avoir une vue complète - puis avec la main gauche dessiner ou faire tourner le papier. Dans la plupart des cas, le résultat sera un cercle parfait. C'est une pratique admirable pour apprendre à dessiner des cercles entièrement à main levée, comme on peut le constater par l'expérience.

Le papier peut être rendu, sinon absolument ininflammable, du moins privé d'inflammabilité, en le trempant dans de l'eau d'alun, ou dans de *l'oleum tartari per deliquium* , ou de l'huile de tartre. Les papetiers pourraient trouver une vente pour ce type de papier. Si le document jeté au feu par une certaine duchesse avait été ainsi préparé, il aurait pu être sauvé par un passant avant de périr.

L'art de la conservation, ou de la prévention des dommages, est lié à la restauration, c'est pourquoi il serait bon que davantage de personnes qui envoient des livres par courrier utilisent des coins de protection, qui peuvent facilement être fabriqués par n'importe qui avec une paire de ciseaux solides en bois fin. tôle de laiton, d'étain ou de fer. Prenez un morceau de métal de forme rectangulaire, ainsi :—

Puis doublez-le en triangle sur un morceau de carton, ou de bois, ayant exactement l'épaisseur de la couverture du livre :—

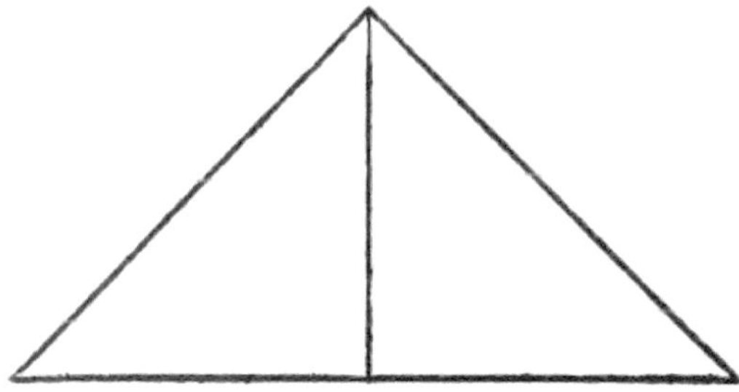

Les livres de grande valeur doivent être conservés dans des boîtes en métal fin, surtout en Inde. De tels étuis ne doivent pas s'ouvrir et se fermer avec un couvercle à charnière, mais avec un couvercle, et comme un étui à cigares. De tels étuis, ou au moins des protections métalliques, devraient également être utilisés lorsqu'un livre est emballé et attaché de la manière habituelle et envoyé par courrier. Je suis tout à fait sûr qu'au moins tous les autres livres que j'ai reçus par courrier au cours de l'année écoulée portaient sur leurs tranches des cicatrices mélancoliques de leurs ficelles, rappelant l'une des blessures que l'héroïque Indien rouge conservait de ses liens. Une garde est simplement un morceau de tôle plié comme suit, une ou deux fois :

Ces gardes sont inestimables pour emballer les livres dans les malles. Leur prix est dérisoire, et leur utilisation serait finalement très économique. Les livres ne doivent pas être serrés les uns contre les autres sur leurs étagères. Il fait éclater la reliure, surtout des ouvrages modernes en carton et papier. Les anciennes reliures souples en parchemin étaient meilleures à tous égards, et elles pouvaient même aujourd'hui être fabriquées à bien moins cher qu'on ne le suppose généralement. J'ai devant moi un livre vieux de près de trois cents ans, relié en parchemin coupé (fendu ou très fin), qui a évidemment été beaucoup utilisé, mais qui est encore en bon état. Mais le parchemin n'a pas besoin d'être préparé très soigneusement pour une reliure ordinaire, et il pourrait être vendu à la moitié du prix demandé par les papetiers pour ce qui est utilisé pour écrire. Aux États-Unis, il faut payer beaucoup plus pour une peau de mouton que pour un mouton, voire dans certains cas trois ou quatre fois plus — c'est- à-dire que la peau en parchemin à New York coûte autant que trois moutons aux États-Unis. — et pourtant les dépenses liées à l'acheminement de la peau vers l'Est et à son tannage ne sont en aucune manière proportionnelles aux profits du papetier.

Quiconque examinera un vieux livre ordinaire relié par parchemin, tel que celui que j'ai devant moi, comprendra d'un seul coup d'œil pourquoi il doit être plus durable qu'une reliure moderne. Dans le livre moderne, le dos *rigide* s'élève jusqu'au bord, ou généralement *au-dessus* du niveau des côtés, et est fait de mousseline, de papier ou, au mieux, de cuir souple. Par conséquent, avec le temps, il se brise sous l'effet de la pression et du frottement, ou s'use. Le parchemin ou le vélin avaient dans la plupart des cas ce bord arrière reculé ou maintenu autant que possible, et le revêtement résistant était d'un seul tenant. Il est bien vrai qu'il n'est pas possible aujourd'hui d'obtenir du parchemin ordinaire, à l'ancienne mode, et que ceux qui voudraient avoir du vélin, ou même du mouton, doivent le payer un prix énorme. Cela ne serait cependant pas le cas longtemps s'il y avait une demande populaire aussi forte pour la reliure en parchemin qu'elle l'est actuellement pour la mousseline fragile. Ceux qui préfèrent le premier n'auront aucune difficulté à le faire faire pour eux et à relier eux-mêmes leurs livres selon les instructions que j'ai données.

Dans le chapitre sur *le papier mâché , je* montrerai comment des couvertures de livres peuvent être fabriquées à moindre coût et sans grands frais, qui peuvent être magnifiquement gaufrées et extrêmement durables. Ceci est, brièvement, en ayant un moule ou une matrice plat, sur lequel sont posées alternativement des couches de papier et de pâte ferme (dans lesquelles entrent de la colle et de l'alun), puis en passant dessus un rouleau à pain, en ajoutant continuellement de la pâte et du papier jusqu'à ce que le tout soit complet. Une fois terminé , frottez avec du noir ou toute autre couleur , puis frottez avec de l'huile, frottez à nouveau, appliquez SOEHNÉE , n°3, et enfin frottez à la main. Cela fera une très belle reliure.

Il est très regrettable que, bien qu'il y ait eu ces dernières années, grâce aux machines et aux procédés brevetés, une production aussi immense de reliures bon marché et voyantes, comme le montrent les albums de photographies, il y a eu une diminution aussi constante et rapide de la qualité, de la solidité. et la durabilité. Il devient inhabituel, même dans des livres très chers, d'en trouver un qui puisse être honnêtement et bien ouvert ou qui soit bien cousu. Depuis que j'ai écrit ce dernier mot, je l'ai testé avec deux livres récemment publiés, l'un coûtant six shillings, l'autre une guinée. Ce dernier était assez bien assemblé et « tenu », mais était déformé au fil de la couture et du collage. C'était du « mauvais travail ». Quant au livre de six shillings , il se fissurait *jusqu'au dos* à chaque page que j'ouvrais, et pourtant je ne l'ouvrais pas très grand. Je dois dire que tout amateur qui n'a pas pu apprendre à relier des livres mieux en un mois ou six semaines que ceux-ci n'étaient reliés doit être vraiment stupide. L'examen d'un certain nombre d'autres livres montre que ce que j'ai dit est aujourd'hui généralement vrai, et que même les ouvrages très coûteux et d'une élégance prétentieuse ne sont en réalité pas aussi bien reliés que l'étaient les manuels scolaires courants et bon marché il y a deux cents ans. Je l'ai également confirmé en examinant un certain nombre de ces derniers, reliés par parchemin, qui pourraient bien durer des siècles.

Si ce style de reliure bon marché, trash et voyant persiste, et avec lui une augmentation constante du prix de tout ce qui est fait à la main, le résultat sera que tout ce qui est durable sera fabriqué par des « amateurs », c'est-à-dire par des gens qui veulent l'esprit artistique allient une certaine indépendance personnelle. Les propriétaires de bibliothèques relieront leurs propres livres ou emploieront des personnes qui travailleront comme des artistes et non comme de simples machines. Les vulgaires et les ignorants continueront à acheter des copies voyantes et bon marché – induits par l'audition : « « Il y a un article , maman, que nous vendons un grand nombre de biens » – tandis que les cultivés préféreront le fait main, ce qui n'est pas le cas. forcément plus cher. En fait, si les chômeurs d'Angleterre – ou les victimes de la vente en gros de déchets à vapeur – pouvaient apprendre un travail manuel facile, comme ils *peuvent tous* l'être, il serait possible non seulement de réduire considérablement la pauvreté nationale, mais nous pourrions également avoir une variété d'articles de meilleure qualité. Car il semble que, selon une loi étrange, il soit un *fait* que, malgré tous les progrès des machines, les hommes peuvent encore fabriquer à la *main* — et bien — des tableaux, des vêtements, des chaussures ou des bottes, des reliures et des œuvres d'art en général — c'est-à-dire pour dire, tout ce dans lequel des compétences ou un caractère peuvent être démontrés ; tandis qu'au contraire, dans tous ces domaines, la machinerie, au lieu de progresser, prend du retard à cause de la concurrence ! Les revues scientifiques et autres se vantent continuellement de nouvelles découvertes et d'améliorations, mais malgré cela, les maisons construites en bidonville dans les trois quarts de Londres, les meubles bon marché et ignobles sciés et collés (fabriqués à la vapeur scientifique) dont elles sont remplies, la moyenne qualité de tout ce dans quoi le savoir-faire et le goût sont censés entrer, montrent que cette « fin de siècle » tant vantée touche aussi rapidement à sa fin dans le bon goût et la qualité de son travail.

Celui qui apprendra à *raccommoder* avec soin, goût et habileté, d'abord ses livres, découvrira que passer de là à la reliure et à la confection d'élégantes couvertures, ce n'est qu'aller de A à B. La reliure d'autrefois, alors qu'elle était incroyablement fort, vigoureux et pittoresque, était extrêmement facile à réaliser, car je me suis satisfait de beaucoup d'examens et de pratique personnelle. Les coutures n'étaient pas faites avec le fil de coton le plus fragile et le moins cher ; encore moins avec des fils trop fins pour cet usage ; il était exécuté avec du fil de lin, *du haut vers le bas de la page* , en trois ou quatre points, de sorte que le livre pouvait réellement être ouvert et replié jusqu'à ce que les couvertures se touchent sans le blesser. Tout cela pourrait être donné aujourd'hui avec les couvertures en parchemin au même prix que coûte aujourd'hui le livre, et en payant le même bénéfice, si le « goût » du public ne préférait pas les déchets voyants. Au-delà de bonnes *coutures solides* , tout le processus de reliure *nécessaire* est très simple. Cela demande de la propreté, du soin et un peu de pratique, mais ce n'est décidément pas difficile. Celui qui l'a maîtrisé découvrira que les autres types de raccommodage, ainsi que la pratique des arts mineurs alliés, ne sont que les lettres successives de l'alphabet.

C'est un fait sur lequel j'attire l'attention, que les amateurs dilettants de livres comprennent invariablement en ne reliant rien d'autre que ses raffinements et ses ornements faciles à ruiner, dont les livres feraient mieux de se passer. Les amateurs de cette classe tentent toujours d'emblée les travaux les plus difficiles et échouent généralement. En règle générale, presque sans exception, les exemplaires primés de reliure moderne vus lors des expositions sont principalement remarquables par leurs ornements, qui ne supportent pas les manipulations ou les frottements, comme la dorure superficielle.

Les brochures ou les lettres, etc., peuvent être reliées avec des « œillets » et la pince ou le poinçon qui est vendu avec eux . Ou bien ils peuvent être simplement collés ensemble, auquel cas utilisez la puissante colle de poisson qui tient parfaitement.

La méthode la plus simple et la plus efficace de reliure latérale, ou de maintien des feuilles ensemble en passant l'attache d'un côté à l'autre, est la suivante :— Ayez avec vous des bandes de métal, par exemple en tôle, d'un quart ou d'un quart. tiers de pouce de largeur; ainsi que des petits rivets ou punaises. Prenez deux bandes de la même longueur que la brochure ou les papiers à relier, et faites-y des trous avec un poinçon et un marteau, sur un morceau de bois solide, à distances régulières. Placez ensuite ces bandes sur le livre, et enfoncez les rivets dans les trous. Tournez tout le tour, et posant l'autre côté sur une enclume ou un fer plat inversé, aplatissez les pointes des rivets pour qu'ils tiennent. Toutes les vieilles boîtes de conserve, jetées en si grand nombre, peuvent être transformées en bandes. Une bande de parchemin ou de papier fort pliée pour former un dos peut ensuite être collée sur les bandes pour améliorer l'apparence du volume. N'importe quel ferblantier fournira, pour une bagatelle, ces bandes et percera soigneusement les trous pour pouvoir les utiliser. On devrait les trouver dans toutes les bibliothèques et dans toutes les papeteries . On peut remarquer qu'en insérant les rivets ou les punaises, il faut les placer alternativement, l'un d'un côté et l'autre de l'autre. Une forme plus légère de cette reliure consiste à prendre une punaise à tête plate, semblable à celles utilisées par les artistes, et à y faire correspondre un disque rond et plat en étain ou en laiton, comme un mince morceau de six ou trois pence . Dans ce dernier, percez un petit trou et rivetez comme auparavant. Tinmen perforera également ces disques ; en fait, ils jettent souvent une grande partie des coupes provenant de certains types de travaux.

Lorsque le chef a un grand nombre de livres à relier, il trouvera une économie ou un moyen d'obtenir un bon travail en engageant une jeune fille qui est une couturière expérimentée pour venir travailler pour lui. Il peut ainsi être *sûr* d'avoir ses ouvrages *bien* cousus de haut en bas avec le fil de lin le plus résistant à l'ancienne, au lieu d'être mal câblés (et tout le câblage est minable, puisque le fin ne tient pas et que le gros éclate la reliure).), ou encore plus mal bouclé avec du fil de coton faible. Ceci effectué, il peut facilement réaliser lui-même sa reliure. Il ne peut pas rivaliser avec un Grolier, ni produire des « joyaux » exquis qui nécessitent d'être conservés dans des cercueils et sont totalement impropres à l'usage ou à la lecture et, comme la plupart des reliures modernes « élégantes et sans égal », des merveilles d'ornementation et de dorure. Mais il peut assurément espérer relier fortement en parchemin comme les livres étaient reliés autrefois, et s'il choisit de les orner également de couvertures de cuir richement estampillées, il pourra en peu de temps apprendre à faire cette dernière, comme on peut le voir. dans le *Manuel du travail du cuir* .

Le grand test d'excellence d'un livre est le suivant : peut -il être manipulé et lu librement sans blessure ? L'examen le plus négligent de la plupart des livres convaincra le lecteur que ce test est presque inconnu. Les reliures en vélin délicieusement blanchies de Florence et de Venise, tachées presque par la pression du doigt propre d'une dame ; l'album photo, si joliment estampé dans un cuir aussi fin que du papier buvard, qui se raye et se détériore en une semaine, s'il est souvent ouvert - toutes les pièces maîtresses des expositions ne supporteront pas l' *usage* . Et il semble que, après que toutes les reliures de cette décennie auront péri, celles des livres communs et bon marché du XVIIe siècle seront aussi bonnes que jamais.

Un grand nombre d'adhésifs et de ciments mentionnés dans ce livre sont tout à fait applicables pour réparer des reliures ou faire coller du papier sur du papier, etc. Cependant, ce qui suit n'est pas seulement une pâte, mais aussi un glaçage, et est largement utilisé comme tel sur les étiquettes, les boîtes et les cartes : -

Faites bouillir le borax avec de l'eau, et mélangez-le soigneusement à la caséine jusqu'à ce qu'il forme un ciment clair, épais et extrêmement adhésif, qui sert aussi beaucoup à vernir le cuir ou les mousselines.

Il est souvent souhaitable d'avoir un vernis ou une glaçure pour les couvertures des livres, et plus fréquemment encore une pâte qui tiendra très fermement sans cependant pénétrer, comme le font très souvent la colle et la pâte.

Pour fabriquer un tel ciment, mélangez une solution épaisse de colle tiède avec de l'amidon ou de la pâte de farine fraîchement préparée. Ajoutez à cela un quart de térébenthine et un quart d'alcool de vin. Cet excellent ciment est applicable à de nombreuses fins.

Pour *bien tapisser les murs* , nous faisons de la pâte de farine, et à chaque litre nous ajoutons dix grammes d'alun dissous dans de l'eau chaude. Lavez ensuite le mur avec de l'eau-colle et recouvrez le papier avec la pâte. L'alun et la colle forment une combinaison coriace et insoluble qui non seulement arrête la pourriture, mais adhère avec une grande force. La plupart des papiers peints posés avec de la colle ordinaire se décomposent plus ou moins avec le temps et deviennent tout simplement toxiques.

UNE GOMME OU UN ADHÉSIF FORT POUR LE PAPIER, LE CARTON OU LA RELIURE :—

JE.

Dissoudre:-

Colle à doreur 100

Eau   200

Ajoutez à cela : -

Gomme laque blanchie   2

Alcool   dix

II.

Dissoudre ensemble :—

Dextrine 50

Eau   50

Réunir les deux solutions ainsi formées ; passez-les dans un torchon, de manière à les tomber dans un moule plat . Une fois sec, utiliser en dissolvant dans l'eau chaude.

GLAÇAGE AMÉRICAIN POUR TIMBRES -POSTE :—

Dextrine 2

Vinaigre 1

Eau   5

Alcool   1

Cependant, les timbres sont très souvent enlevés subrepticement au moyen de l'humidité. La recette suivante rend cela difficile. Il se compose de deux préparations, dont une appliquée sur le timbre et une sur la lettre. C'est particulièrement nécessaire en Amérique, où, selon un communiqué publié dans un journal, *près d'un tiers* de tous les timbres-poste sont retirés des lettres, nettoyés et réutilisés.

I. *Pour la lettre.*

Acide chromique	2.5 gr.
Potasse caustique	15,0 »
Eau	15,0 »
Acide sulfurique	0,5 »
Oxyde de cuivre sulfurique et d'ammoniaque	30,0 »
Papier fin	4.0 »

II. *Sur le timbre.*

Vessie d'esturgeon dans l'eau 7.0 gr.

Vinaigre   1.0 »

L'acide chromique forme avec la colle une substance insoluble dans l'eau, ce qui empêche le tampon de céder à l'humidité. Les deux doivent être conservés dans deux tasses, et la lettre doit d'abord être enduite de l'une et le timbre de l'autre. J'ai entendu parler d'un médecin qui, constatant que ses timbres-poste étaient souvent volés, avait pris la précaution de lui appliquer sur le dos une application d'huile de croton, ou d'un autre puissant « anti-voleur » similaire, dont le résultat était grand. maladie passagère chez sa logeuse et sa famille. Pour cette recette, le lecteur doit s'adresser à un pharmacien !

EDER'S GUM POUR LES PHOTOGRAPHIES. — Dissoudre l'oxyhydrate d'ammoniaque dans l'acide vineux, à une partie duquel on ajoute vingt de pâte d'amidon.

CIMENT POUR CUIR OU PAPIER DANS LES LIVRES À RELIER, ETC. — Prenez 1 kilogramme de farine de blé et faites-en une pâte avec 20 grammes d'alun finement pulvérisé. Faites bouillir jusqu'à ce qu'une cuillère y reste bien tendue. Couvrez le carton ou la couverture avec ceci, posez le cuir ou la mousseline dessus, puis avec un rouleau appuyez l'un sur l'autre. Le cuir doit d'abord être humidifié. Il faut veiller à ce que la pâte ne soit pas trop humide ; deuxièmement, qu'il soit appliqué de manière très uniforme et fine.

Les gravures ou textes dont un morceau a été arraché peuvent être restaurés de la manière suivante :

Prendre une photographie à partir d'une copie parfaite sur le papier correspondant, puis la coller avec de la gomme, de manière à combler le défaut.

Comme les ravages du *Book-worm* constituent un élément important dans la réparation des livres, et comme les collectionneurs s'intéressent toujours à cet insecte dont on parle beaucoup et que l'on voit rarement, je prends la liberté de reproduire l'American *Science* du 24 mars 1893. , un article sur le sujet. Une devise appropriée pourrait être : -

« Viens ici, mon garçon ; nous chasserons aujourd'hui
le rat de bibliothèque, bête de proie vorace.

LES RAVAGES DES VERS DE LIVRES

Lors d'une réunion de la Massachusetts Historical Society, tenue le 9 février 1893, le Dr Samuel A. Green, après avoir montré deux volumes complètement criblés par les ravages des insectes, ainsi que quelques spécimens d'animaux à divers stades, fit les remarques suivantes : -

Depuis de longues années, je recherche des spécimens vivants de ce qu'on appelle le « rat de bibliothèque », dont on trouve parfois des traces dans des volumes anciens ; et je m'attendais à trouver un animal invertébré de la classe des annélides. Dans cette bibliothèque, il y a actuellement des livres perforés de trous nets débouchant sur des cavités sinueuses, qui courent généralement le long du dos des volumes et perforent parfois les couvertures de cuir et le corps du livre ; mais je n'ai jamais détecté le coupable vivant qui fait le mal. Pour la plupart, les dommages se limitent à ceux qui sont liés de cuir, et les ravages de l'insecte semblent dépendre de sa faim. Les orifices extérieurs ressemblent à des trous de balle, mais les canaux sont tout sauf droits. Après un long examen du sujet, je suis enclin à penser que tous les dégâts ont été causés avant que la bibliothèque n'arrive sur ce site au printemps 1833. En tout état de cause, il n'y a aucune raison de supposer que les dégâts ont été causés pendant les cinquante dernières années. Peut-être que la chaleur du four assèche l'humidité qui est une condition nécessaire à la vie et à la propagation du petit animal.

Il y a près de deux ans, j'ai reçu de Floride un colis de livres dont quelques-uns étaient infestés de vermine et plus ou moins perforés de la manière que j'ai décrite. Il m'est venu à l'esprit qu'ils feraient une bonne ferme d'élevage et une bonne station d'expérimentation pour apprendre les habitudes de l'insecte ; et j'ai en conséquence envoyé plusieurs volumes à mon ami M. Samuel Garman, qui est lié au Musée de Zoologie Comparée de Cambridge, pour ses soins et son observation. De lui, j'apprends que le principal délinquant est un animal connu sous le nom de Buffalo Bug, bien qu'il soit aidé dans son travail par des âmes sœurs qui ne lui sont pas alliées selon les règles de l'histoire naturelle. La lettre de M. Garman donne le résultat de ses travaux de manière si complète qu'elle ne laisse rien à désirer, et est la suivante :

" MUSÉE DE ZOOLOGIE COMPARÉE, CAMBRIDGE, MASS. , *7 février 1893* .

« DR SAMUEL A. GREEN, BOSTON, MASSACHUSETTS.

« MONSIEUR ,— Les livres infestés envoyés pour examen à ce musée, grâce à la gentillesse de M. George E. Littlefield, ont été reçus le 15 juillet 1891. Ils ont été inspectés et, contenant des individus de quelques espèces d'insectes vivants, ont été immédiatement enfermé dans du verre pour des développements ultérieurs. Un an plus tard, des spécimens vivants des deux espèces étaient encore à l'œuvre. Outre celles qui nous sont parvenues vivantes, une troisième espèce avait laissé des traces de sa présence antérieure dans un certain nombre de caisses à œufs vides.

« Cinq des volumes étaient reliés en toile. Sur ceux-ci, les principaux dégâts apparaissaient au niveau des bords, qui étaient rongés et défigurés par de larges terriers s'étendant vers l'intérieur. Deux volumes étaient reliés en cuir. Les bords de ceux-ci n'étaient pas tellement perturbés ; mais de nombreuses perforations, un peu comme des trous de balle à l'extérieur, traversaient le cuir, s'élargissant et se ramifiant à l'intérieur. Comme s'ils étaient faits par des insectes plus petits, les côtés de ces trous étaient des coupes plus nettes et plus propres que celles des terriers situés sur les bords des autres volumes.

« Les insectes ont tous été identifiés comme des ennemis bien connus des bibliothèques, des armoires et des penderies. L'une d'elles est une espèce de ce qu'on appelle communément « punaises de poisson », « poissons d'argent », « queues de poils », etc. Les entomologistes les appellent *Lepisma* ; l'espèce en question est probablement *Lepisma saccharina* . C'est un petit être allongé, argenté, très actif, qu'on découvre fréquemment sous les objets, ou entre les feuillets des livres, d'où il s'échappe par l'extraordinaire rapidité de ses mouvements. La pâte et l'encollage ou l'émail de certains types de papier lui sont très attractifs. Dans certains cas , il ronge toute la surface de la feuille, y compris l'encre, sans faire de perforations ; dans d'autres, les feuilles sont complètement détruites. Le dernier spécimen de cet insecte dans ces livres a été tué le 5 février 1893, ce qui prouve que l'espèce est suffisamment à l'aise sous cette latitude.

« Le deuxième des trois est l'un des « Buffalo Bugs ». ou « Carpet Bugs », ainsi appelé ; pas vraiment des insectes, mais des coléoptères. L'espèce devant nous est l' *Anthrenus divers* scientifiques, très communs à Boston et à Cambridge, comme dans d'autres parties des régions tempérées et des tropiques. Il est très probable que les « trous de balle » dans les volumes reliés en cuir soient de sa fabrication, bien qu'ils aient pu être aidés dans les chambres plus profondes et plus grandes par l'une ou les deux autres. Les dégâts causés par cet insecte dans la maison, le musée et la bibliothèque sont trop connus pour appeler davantage de commentaires. Les individus vivants ont été retirés des livres près d'un an après avoir été isolés.

« La troisième espèce avait disparu avant l'arrivée des livres, ne laissant que ses terriers, ses excréments et ses caisses à œufs vides, qui ne laissent cependant aucun doute sur l'identité de l'animal avec l'une des blattes, peut-être de l'espèce *Blatta. Australasie* . Les caisses concordent en taille avec celles de *Blatta Americana* , mais comportent treize impressions de chaque côté, comme si le nombre d'œufs était de vingt-six. Les ravages des blattes sont les plus importants sous les tropiques, mais certaines espèces sont présentes dans les zones tempérées et même vers le nord. Un extrait de Westwood et Drury servira à indiquer le caractère de leur ouvrage :

« Ils dévorent toutes sortes de vivres, habillés et déshabillés, et abîment toutes sortes de vêtements, cuirs, livres, papiers, etc., qui, s'ils ne les détruisent pas, du moins ils les souillent, en déposant fréquemment une goutte de leur excréments où ils se déposent. Ils pullulent par myriades dans les vieilles maisons, rendant chaque partie sale au-delà de toute description. Ils ont aussi le pouvoir de faire un bruit semblable à un coup de poing aigu sur le lambris, *Blatta gigantea* étant connu de là aux Antilles sous le nom de tambour ; et ils continuent cela, se répondant, toute la nuit. De plus, ils attaquent les personnes endormies et mangent même les extrémités des morts.

« Cette citation donne à penser que les auteurs ainsi que les livres sont mis en danger par ce hors-la-loi. Avec des énergies exclusivement tournées contre des exemples correctement sélectionnés des deux, quel bien de bien cela pourrait faire à l'humanité ! Faute de discrimination, l'insecte doit être traité comme un ennemi commun. La poudre d'insectes pyrèthre est considérée comme un fléau contre les «poissons argentés» et les blattes. Depuis plusieurs années , j'utilise, sur les lépismes et les gardons, un mélange contenant du phosphore, « The Infallible Water Bug and Roach Exterminator », fabriqué par Barnard & Co., 7 Temple Place, Boston, et, sans autre intérêt dans la publicité du composé, l'ont trouvé entièrement satisfaisant dans ses effets. Le bisulfure de carbone, évaporé dans des boîtes ou des caisses fermées contenant les articles infestés , est utilisé pour éliminer les « Buffalo Bugs ». — Très respectueusement vôtre,

" SAMUEL GARMAN ."

Je me souviens qu'il y a de nombreuses années, on pouvait voir dans la librairie de John Penington, à Philadelphie, un rat de bibliothèque conservé dans de l'alcool dans une fiole. La manière dont cette espèce de teredo pénètre dans le bois et le cuir ainsi que dans le papier n'est pas la moins curieuse de ses habitudes.

La grande quantité de dommages causés par les insectes ennuyeux dans les livres, le bois et toutes les substances faibles est une raison suffisante pour accorder autant d'espace à ce sujet. Du navire au manuscrit, rien n'est à l'abri d'eux.

EN PAPIER-MÂCHÉ
—CRÉATION DE TERRAINS POUR TABLEAUX ET MURS—
CARTON-CUIR ET CARTON-PIERRE

Le papier mou, mélangé avec de l'eau, de la gomme ou, mieux encore, avec de la pâte de farine, forme une substance qui peut être moulée sous n'importe quelle forme, et qui, une fois sèche, sera aussi dure que du carton. Sa dureté et sa durabilité peuvent être augmentées en y mélangeant de nombreuses substances.

Associé au cuir souple en petits fragments ou à la poussière de cuir, il forme ce que les Français appellent *carton- cuir* . Dans cet état, ou même dans son état naturel, c'est-à-dire papier et pâte, *le papier mâché* , comme on l'appelle, peut, sous pression, devenir aussi dur que n'importe quel bois. J'ai vu toutes sortes de meubles en être fabriqués. En Amérique, il existe des manufactures dans lesquelles on fabrique ainsi des seaux ou des seaux, des cuves, des sapins et même des bateaux durables. Il y a à Bergen, en Norvège, une église construite entièrement avec de la chaux mélangée. Pour certains types de réparations, il est très précieux.

Bien qu'il ne soit pas aussi plastique que l'argile, *le papier mâché* peut, avec un peu de pratique, être moulé sous n'importe quelle forme. Il s'agit simplement de coller pièce sur pièce, en pressant entre-temps le plus possible avec les doigts ou un instrument en bois comme un pilon. La pression doit être appliquée au fur et à mesure qu'elle sèche progressivement. N'importe qui peut ainsi fabriquer du carton très dur avec un rouleau à pain sur une planche.

Si la couverture en carton d'un livre est très endommagée, même en partie, elle peut être restaurée en utilisant *du papier mâché* dans lequel une solution de colle ou de gomme a été infusée. Collez-le spécialement sur les bords. Pour une telle réparation, prenez de la poussière de papier ou de la pâte à papier, combinée avec de la gomme arabique dans une solution d'alun et d'eau, ou simplement de la gomme. Ceci est facilement moulé et lissé dans les fissures ou les endroits déchirés.

Si *le parchemin* est arraché , il est facilement remplacé. Coupez un morceau pour remplacer la partie manquante, humidifiez-le ainsi que le bord qu'il doit joindre jusqu'à ce qu'il soit bien mou, puis collez les deux ensemble en exerçant une pression. Je viens de le faire moi-même avec une couverture dont la moitié avait disparu et la réparation est à peine visible. Utilisez librement le couteau large pour appuyer sur les bords.

En combinaison avec un mélange d'acide nitrique ou sulfurique et d'eau, le papier *mou* devient semblable à du parchemin et très dur. Cela nécessite des expériences minutieuses, car son succès dépend de la qualité de l'acide et de la texture du papier. Des résultats très remarquables ont été obtenus, comme des matériaux ressemblant à de l'ivoire, de la corne et de l'écaille de tortue, en gros blocs.

Les vieux papiers sont si courants et bon marché que *le papier mâché* peut toujours être fabriqué n'importe où. Il est bien adapté pour boucher les fissures du bois, des murs ou ailleurs ; et pour ceux qui souhaitent un emploi ou un divertissement, il offre des facilités infinies. L'une d'elles est la réparation ou la fabrication de jouets.

Un masque commun est réalisé comme suit. Sur une face sculptée dans le bois et huilée, on étend du papier mou et grossier commun, mouillé, qui est soigneusement pressé, et on ajoute encore du papier et de la pâte, jusqu'à ce qu'il atteigne l'épaisseur requise. Il est ensuite, lorsqu'il est plutôt sec, retiré et laissé sécher parfaitement. Il est ensuite peint et verni. Si un masque est cassé, mouillez-le, collez du papier colle dessus et repeignez-le.

Le papier mâché est communément synonyme de ce qui est trash et factice dans l'art, tout simplement parce que ses capacités et ses applications ne sont pas connues. Ainsi, le travail du cuir a longtemps été méprisé, car il ne permettait que d'imiter le bois sculpté. Mais entre les mains d'un véritable artiste, c'est-à-dire d'un *designer original* qui applique, et non d'un simple artisan qui imite ou copie, *le papier mâché* est autant un sujet d'art que n'importe quel autre matériau. Il peut être utilisé de nombreuses manières, plus ou moins liées au raccommodage, comme le sont tous les arts. Ainsi le papier en poudre fine, ou réduit en pâte fine — ou pulpe — peut être, avec un peu d'habitude, mélangé à de la gomme et *peint* au pinceau sur une surface de manière à produire du relief. Une très petite élévation ou dépression sert ainsi à produire des fonds qui peuvent servir à donner de la lumière ou de l'ombre aux tableaux. Ainsi la peinture au pastel ou au crayon aux couleurs frottées, qui a toujours été, même dans les mains les plus vigoureuses, un art faible ou « doucement doux », peut être rendue très vigoureuse en soulageant et en rendant le sol fermement ; car, de même que le grand peintre américain ALLSTON renforçait souvent ses couleurs en y mélangeant du sable, de même la peinture au pastel qui manque de « sable » peut s'en procurer en le mélangeant avec la gomme pour fond.

Pour mieux comprendre ce procédé, remarquons que , de même que les enlumineurs des manuscrits médiévaux donnaient du relief et l'apparence de solidité à l'or en réalisant une surface en relief avec une poudre de *gesso* (plâtre de Paris) et d'argile et de gomme, de même ce procédé Ce principe peut être appliqué dans une bien plus grande mesure en atténuant un motif. Ici, ceux qui ont des vues limitées, qui ne dépassent jamais le stade de l'art purement artisanal, dénonceront immédiatement cela comme une imposture et comme une imitation de l'effet à l'aide du modelage, et n'étant pas un véritable art, oubliant complètement que tout est fidèle au génie. et tout est plus ou moins factice dans la simple imitation.

Ayant une surface, soit un panneau, soit un carton Bristol, qu'il vaut mieux coller ce dernier sur un panneau ou un carton solide et bien épais, commencez par prendre un peu de gomme ou de colle en solution assez fluide sur la pointe d'un pinceau, et incorporez-y le papier. de la pâte ou de la poussière de tissu en une pâte très molle, avec laquelle peindre ce qui doit être en relief. Le même effet est produit à l'huile en utilisant une peinture plus lourde et plus épaisse. C'est toute la différence, l'un étant aussi légitime que l'autre. En mélangeant de la craie, du sable ou de l'argile, et en utilisant du papier de verre là où le crayon, etc., refuse de prendre facilement, le relief s'adapte à chaque substance. En cela, comme dans tout procédé connu, l'artiste doit d'abord expérimenter un peu, selon ses matériaux.

Des feuilles solides de papier fin et dur, avec une pâte forte entre elles, lorsqu'elles sont passées entre les rouleaux, forment une sorte de *papier mâché* qui est aussi dur que le bois, ignifuge et, ce qui est le plus singulier, plus durable que le fer. Les roues des wagons de chemin de fer en sont souvent fabriquées, et elles ne se déforment jamais sous l'action de la chaleur ou du froid, ni ne se fissurent ni ne se plient. Vous pouvez fabriquer vous-même ce carton de très bonne qualité par ce procédé : - Prenez une feuille de papier à lettres - plus elle sera de qualité, meilleur sera le résultat - recouvrez-la de bonne pâte de farine dans laquelle il y a un peu d'alun et de la colle et quelques gouttes d'huile de clou de girofle, cette dernière empêchera la pâte de tourner ou de se dégrader. Ensuite, posez dessus une autre feuille, appliquez une autre couche de pâte, et lorsqu'elle est un peu sèche ou a dépassé le stade le plus mou, tout en étant encore capable d'adhérence, posez les feuilles sur une dalle ou une table dure et lisse et passez un rouleau dessus. d'abord doucement, mais finalement fréquemment et avec force. Ajoutez autant de feuilles que nécessaire pour l'épaisseur souhaitée. On comprend que si la surface sur laquelle cette feuille est formée était un moule ou une matrice découpée en taille-douce , le carton une fois repris en présenterait un bas-relief aussi dur qu'un bois quelconque, et l'ensemble formerait un panneau qui pourrait être utilisé pour le côté d'une boîte ou être placé dans une armoire. S'il est fait de bon papier et fermement roulé, ce panneau sera à tous égards égal au bois à toutes fins décoratives.

Comme quiconque sait sculpter le bois peut découper des moules , et qu'un moule en bois , s'il est bien huilé (ou autrement protégé contre l'humidité), servira au moulage *du papier mâché* et du cuir ou de la pâte de bois, il est remarquable que un tel travail est donc très peu pratiqué par les étudiants des arts mineurs. Que de tels panneaux puissent être fabriqués très facilement et rapidement, je le sais par expérience ; le fait que les matériaux nécessaires au travail soient bon marché parle de lui-même ; et enfin, le fait que de beaux panneaux pour armoires et portes, qu'ils soient en bois sculpté, en cuir estampé ou *en papier mâché,* rapportent un très bon prix, sera également très évident pour quiconque ira chez un ébéniste à la mode et les commandera. Nous dirons donc qu'une petite armoire simple coûte 5 £. Mettez-y six panneaux, ce qui coûte en réalité environ 6d. chacun à mouler , et le prix sera de 10 £. De tels panneaux pressés sont admirablement adaptés à la reliure de livres, car, lorsqu'ils sont correctement fabriqués et séchés, ils ne peuvent ni se déformer ni se plier. S'ils sont recouverts de relief, ils peuvent devenir très beaux. Simplement noircis ou brunis, puis frottés à l'huile, vernis à LA SOEHNÉE , n°3, et frottés à la main, ils sont aussi beaux que du bois poli ou du cuir.

Le papier mâché , la pâte ou la poudre de papier peuvent être combinés avec du caoutchouc ou du caoutchouc indien , ce dernier pouvant être lui-même dissous dans de la benzine, de la camphine , de l'éther sulfurique et d'autres solvants, de manière à former une pâte qui devient comme du caoutchouc indien lorsqu'elle est sèche ou comme ça durcit. Mélangé au soufre , cela forme de la vulcanite. Ou encore, il peut être combiné avec des matières colorantes blanches de presque toutes sortes. Cela peut s'appliquer à réparer les nez cassés des poupées, ou toutes autres blessures que reçoivent souvent ces jolis semblants d'humanité, leur beauté étant malheureusement généralement plus éphémère que celle de leurs prototypes. La finition finale d'une telle réparation est une couche de peinture. Dans de nombreux cas, il est préférable de le frotter avec le doigt plutôt que de le peindre directement. Le lecteur qui aura étudié cet ouvrage n'aura aucune difficulté à restaurer un jouet quelconque.

Je peux cependant remarquer ici qu'« aucune solution de caoutchouc indien ne peut être correctement moulée sans un mélange intime de soufre , aidé par la chaleur et la pression. C'est un processus difficile, et l'amateur ferait donc bien d'acheter de la composition de caoutchouc, ce qu'il peut faire dans n'importe quel grand magasin où les articles en caoutchouc sont fabriqués comme spécialité » (*Work* , 21 mai 1892).

Il est facile de fabriquer n'importe quel article en *papier mâché* si le simple début d'une forme a déjà été façonné ; car, une fois cela fixé, il ne nous reste plus qu'à coller progressivement un morceau de papier, ici et là, jusqu'à ce qu'il soit terminé. Ce début est très facile si nous avons un objet sur lequel commencer. Prenez donc un vase ou une tasse. Huilez-le, puis posez dessus et tout autour du papier doux et humide. Un journal fera l'affaire : un papier d'impression *doux* et blanc. Puis, à l'aide d'un pinceau large, étalez la pâte et appliquez une seconde couche de papier. Pendant ce temps, appuyez dessus aussi fort que possible. Continuez ainsi jusqu'à ce que le *papier mâché* soit suffisamment épais. Une fois sec, prenez un canif et coupez une ligne de haut en bas. Échellez-le et réunissez les bords avec de la colle forte ; collez ensuite sur la ligne de jonction une bande de papier. Ensuite, vous prendrez une tasse.

S'il est rugueux, coupez-le en douceur et utilisez du papier de verre. Une fois terminé, il peut être peint ou recouvert de cuir humide, qui peut être travaillé en relief. Ou encore, il peut ressembler à de l'ivoire par le procédé décrit ailleurs. Le papier peut dans ce processus être combiné avec des chiffons en cuir souple ; comme, par exemple, des morceaux de vieux gants dont le fil a été arraché, de vieilles peaux de chamois, des coupures de relieurs, etc. Cela forme efficacement le cuir.

LE CARTON-PIERRE , ou papier de pierre, est une composition très utile, qui est très largement décrite par GEORGE PARLAND dans *Work* , du 2 juillet 1893. Il est constitué de chutes de papier, dans la proportion d'une chaudière de lavage ordinaire ou d'une moitié de cuivre. plein d'eau bouillante et environ la moitié des déchets de papier. Ajoutez deux livres de la meilleure pâte de farine ; aussi, dans un vase séparé, un litre d'eau, dans lequel on saupoudre une poignée de fin plâtre de Paris. Laissez reposer une dizaine de minutes avant de mélanger. « Quand le papier dans le cuivre est devenu une pâte fine, ajoutez la pâte de farine en gardant le tout bien agité. Quinze minutes après, ajoutez le plâtre et quelques minutes plus tard, éteignez le feu sous la chaudière. Préparez trois seaux de merlan finement moulu ; versez un seau de merlan et remuez bien, en ajoutant encore du merlan jusqu'à ce que le bâton utilisé pour remuer se tienne tout seul dans le mélange. Laissez-le refroidir et il sera prêt à l'emploi.

« Certaines maisons, écrit M. PARLAND , ajoutent de l'alun en poudre dans le processus d'ébullition, d'autres ajoutent une pinte d'huile de lin bouillie ; mais si on le fait selon les instructions précédentes, il en résultera un excellent *carton-pierre , qui donne des impressions très fines des* moules . S'il est coulé dans un moule en plâtre , celui-ci devra avoir deux ou trois couches de vernis gomme-laque, puis être bien huilé.... En utilisant le *carton* , saupoudrez du plâtre fin de Paris sur un banc, et en prenant un morceau de le *carton* nouvellement fabriqué , mélangez-le bien avec du plâtre sec, en ajoutant plus de plâtre, comme les boulangers ajouteraient de la farine à leur pâte. Après l'avoir bien travaillé de cette façon jusqu'à ce qu'il ne colle plus aux doigts, avec des mains propres rouler les morceaux très lisses dans les paumes, ou sur une planche lisse et plane, et enfoncer chaque rouleau dans les cavités et les creux du moule , en *mouillant souvent le bords du carton* dans le moule avant d'y ajouter un nouveau morceau. Les moulages ne doivent pas avoir plus d'un huitième à un quart de pouce d'épaisseur, sauf sur les bords extérieurs du moule .... Les moulages doivent reposer environ vingt-quatre heures, puis être cuits en 100 heures maximum. ° chaleur."

Le lecteur particulièrement intéressé par *le papier mâché* trouvera une série d'articles sur le sujet dans *les Ouvrages* , nos 3, 6, 12, 17, 22, 25.

L'argile à pipe, à laquelle on peut ajouter ou omettre de la magnésie calcinée, du merlan ou de la baryte selon le corps requis, peut être combinée avec *du papier mâché* et du gluten, comme de la gomme arabique ou de la dextrine ou de la pâte de farine, qui se formeront sous pression. ou encore par roulage à la main, une substance très dure et à grain fin, spécialement adaptée à la peinture de tableaux. On vend à Florence à très bon marché des assiettes ou *tavole en papier mâché* , dur, lourd et brillant comme l'ébène. On ne réalise généralement pas qu'une presse hydraulique ou une machine à vapeur coûteuse n'est pas nécessaire à l'amateur pour durcir *le papier mâché* . Un rouleau à pain ordinaire, passé plusieurs fois sur le matériau, le travaillera « de bas en bas », tout aussi bien qu'une pression directe, et très souvent bien mieux.

Papier mâché mélangé et macéré avec du caoutchouc indien ou de la gutta-percha et du benzole (*vide* Indiarubber) constitue dans de nombreux cas un très bon substitut au cuir. Il peut également être associé à du vernis *souple* pour fabriquer du cuir. Des semelles de grande valeur peuvent être fabriquées, ou celles cassées, réparées, en prenant du carton ou du carton et en le trempant dans une solution chaude de caoutchouc indien . Ces semelles imperméabilisées, qu'elles soient en carton ou en cuir, se préparent aussi facilement, s'appliquent et se renouvellent facilement, et elles empêcheront à jamais la vraie semelle de s'user si elle est renouvelée.

Aussi singulier que cela puisse paraître, peu de personnes connaissent les propriétés ou la texture d'une substance aussi familière que le papier. Nous savons que s'il est mouillé, il devient mou, mais reste pour ainsi dire noueux, et que lorsqu'il est mâché, il ne se dissout pas correctement. Cependant, si le lecteur prend un morceau de papier complètement mouillé et le pétrit ou le fait macérer avec un couteau pendant un certain temps avec de la gomme en solution, il constatera qu'il devient progressivement une pâte molle, aussi flexible et aussi modelable que du mastic ou de l'argile . Ce n'est pas la même chose que *le papier mâché* , qui est constitué de papier simplement mouillé ou mélangé et bouilli avec de la pâte, et qui contient des fibres et des nœuds. Le papier finement macéré, combiné à un adhésif, est ductile, impressionnable, prend bien et reçoit facilement une pression au roulement, sous laquelle il devient extrêmement dur. Le papier ainsi *complètement ramolli* est facilement transformé en feuilles et peut être facilement appliqué non seulement pour combler les trous de ver dans les feuilles et les coins complètement arrachés, etc., mais il est très utile pour les fissures et les cavités dans le bois et d'autres substances. Il peut être composé de gommes quelconques, telles que la gomme arabique , la dextrine , la colle de poisson, ainsi que de caséine , de gutta-percha, de vernis et de la plupart des substances utilisées dans les ciments. Le papier ainsi ramolli et mélangé avec, *par exemple* , de la colle fine et de la glycérine , ou avec de la pâte de farine, peut être moulé et appliqué sous des formes ornementales sur n'importe quelle surface.

Il y a cette grande différence entre le papier simplement *mouillé* , si humide soit-il, et celui qui est complètement ramolli par macération. Le premier est toujours grumeleux, le second passe sous la lame d'un couteau comme de l'argile molle ou du mastic. Lorsqu'il est composé de gomme, de colle et de glycérine , ou pâte forte, il ressemble, une fois sec, au bois clair, mais moins cassant. Pétri avec une solution de caoutchouc indien et de la colle, il devient comme du cuir et peut être utilisé dans plusieurs types de réparations. Roulée en feuilles, cette composition permet d'obtenir un cuir artificiel de très bonne qualité et bon marché pour les tentures. Pour les fabriquer, étalez la composition avec un pinceau large ou un tampon sur une table en ardoise ou en marbre, et lorsqu'elle est assez sèche, passez dessus un rouleau en bois. Un peu de pratique est nécessaire pour ne pas le rouler lorsqu'il est trop mou. Si des motifs en taille-douce sont découpés au rouleau, les feuilles leur donneront du relief. Il convient de noter ici qu'un grand nombre de pièces de tentures anciennes vendues comme cuir ne sont en réalité constituées que de *papier mâché* , ou *carton- cuir* , et de colle. Ces tentures, qu'elles soient en cuir ou contrefaites, peuvent souvent être achetées à très bas prix dans un état endommagé et peuvent être facilement restaurées avec cette composition, avec un grand profit. Lorsqu'il est mélangé avec de la céruse ou de la peinture à l'huile et de la colle, le papier souple devient plus dur et plus ferme, et sous pression il est aussi dur et lourd que n'importe quel bois. Du papier blanc avec du bois de houx ou de mélèze blanc ou de tilleul en poudre, et de la gélatine blanche — mieux si on y ajoute de la poussière d'os ou d'ivoire, avec un peu de jaune de Naples (huile) — forme un beau ciment.

Il ressort de ce que j'ai écrit que les cavités, les trous, les fissures et les défauts de la plupart des substances, y compris le bois et le cuir, peuvent être parfaitement réparés avec du papier combiné avec de la colle, de la gomme ou d'autres substances ; et comme il faut toujours l'acquérir, la connaissance de sa nature et de ses applications ne peut manquer d'être utile à tous les réparateurs et restaurateurs.

Le papier mâché , comme tous les ciments substantiels ou ressemblant à du mastic, implique un moulage ou un coulage. Ce sujet est traité de manière exhaustive dans le *Vollständige Guide d'utilisation zum Formen et Giessen* , d'Eduard Uhlenhuth ; Vienne , A. Hartleben, prix 3s. Au sujet du papier, consultez le *Handbuch der praktischen Papier- Fabrikation* , du Dr Stanislaus Mierzinski , en trois volumes, qui est non seulement le dernier, mais de loin le plus complet ouvrage sur le sujet que je connaisse. Et ici je peux observer à ce propos que si mes références ont été principalement aux ouvrages allemands, c'est parce que, dans les applications techniques mineures de la chimie aux arts, et dans la préparation de traités pratiques intelligibles sur de tels sujets, les Allemands ont été, surtout récemment, de loin la première nation d'Europe.

Je puis mentionner que depuis que j'ai écrit les passages précédents, j'ai acheté, pour une bagatelle, à Florence, deux têtes sculptées du XIVe siècle en bois de noyer. Ils avaient beaucoup souffert du temps et des abus gratuits, leur nez ayant été coupé. J'ai fait un mélange de pâte à papier molle et de gomme arabique , en travaillant soigneusement les deux ensemble avec une lame de couteau jusqu'à ce que la composition soit aussi molle que du beurre. Cette macération minutieuse est essentielle pour produire un corps durable. Avec cela, j'ai bouché les trous, fait de nouveaux nez et peint le tout en brun Vandyke, ou brun-noir. En quelques minutes la restauration fut achevée, et les têtes qui coûtaient un franc chacune valent aujourd'hui au moins trente francs. Je dois dire que les portions restaurées sont aussi dures que le bois d'origine.

Il n'est pas toujours facile de réduire le papier à une pâte parfaitement molle, comme on l'appelle en français *papier- pourri* . Une petite quantité peut être écrasée avec une lame de couteau et de la pâte de farine ou de la gomme. Une grande quantité est préparée comme suit :—

Prenez des coupures de papier et laissez-les longtemps dans l'eau, qu'il faudra changer de temps en temps. Lorsqu'il est bien dissous ou mou, braisez le papier dans un mortier, et enfin faites-le bouillir dans de l'eau très chaude. Pour lui donner de la consistance, ajoutez de la pâte de farine ou de la gomme. Cela fait un ciment très fin, qui recevra l'impression la plus délicate. C'est un outil inestimable pour toutes sortes de raccommodages à sec.

Comme je l'ai montré, il peut être appliqué pour fabriquer ou réparer des feuilles défectueuses de livres, pour combler les trous de vers dans les feuilles, pour réparer des dessins et des images sur bois ou sur toile, et lorsqu'il est mélangé avec une gomme qui durcit, pour restaurer, ajouter, remplir ou imiter les boiseries. Sous pression et combiné à différentes poudres, il devient dur comme l'ébène et ignifuge. Sa valeur extraordinaire et son utilité générale sont encore très loin d'être bien connues.

RÉPARATION DE MOSAÏQUES EN PIERRE
—TRAVAIL CERESA—MOSAÏQUE DE PORCELAINE OU DE VAISSELLE

Réparer ou réparer *la pierre* , y compris ses imitations, est une branche très étendue de la science technique, et qui a donné lieu ces dernières années à de nombreuses inventions. Le moyen le plus répandu et le plus ancien pour unir et réparer ce matériau est le mortier, ou le mélange de chaux brûlée puis éteinte avec de l'eau. La chaux est fabriquée le plus souvent à partir de calcaire ou de marbre. Sa qualité s'améliore lorsqu'on utilise du carbonate de chaux sous forme organique, comme des coquillages ; et il y a des degrés d'excellence dans celles-ci, depuis les coquilles d'huîtres communes jusqu'à d'autres d'une espèce plus fine, telles que celles avec lesquelles est fabriqué le *chunam* dur et brillant de l'Inde. En certains endroits, le mortier, lorsqu'il est bien fait, devient avec l'âge aussi dur que le silex. Dans les villes américaines, où l'on brûle le charbon anthracite, il pourrit dans les cheminées sous l'influence de l'acide sulfureux avec une grande rapidité. Dans les îles du Pacifique, où la chaux est fabriquée à partir de petits coquillages ou de coraux délicats et où le mortier ressemble à de la peinture ou de l'émail, un missionnaire a rapporté que, lorsqu'il enseignait aux indigènes comment la fabriquer, ils blanchissaient tout à la chaux, même jusqu'aux des enfants, qui sont ainsi devenus des Blancs.

Le mot mal appliqué *mastic* , qui suggère une gomme, désigne certaines modifications du mortier dans lequel entre *l'huile ;* aussi les oxydes de plomb ou de zinc. « L'huile forme avec elles un savon insoluble, qui inclut ou lie les autres matières, formant, après un mois de séchage, une substance très dure », que certains disent dure comme la pierre, mais qui dépend entièrement de la qualité et de la combinaison ; car j'ai vu ce qu'on appelle du *mastic* appliqué sur des maisons construites à bas prix, qui se craquaient ou s'effondraient comme du simple plâtre de Paris.

Pour bien amalgamer les mastics, il est d'usage de mettre leurs ingrédients dans des tonneaux remplis aux deux tiers, et ensuite mis en mouvement par des machines. L'huile est ensuite ajoutée. Au moins deux jours sont nécessaires pour le processus. Les recettes de mastics suivantes sont parmi les meilleures, ayant été approuvées par LEHNER . On peut remarquer ici une fois pour toutes, non seulement en ce qui concerne les mastics, mais toutes les recettes de cet ouvrage, qu'à moins que les matériaux indiqués ne soient de la meilleure qualité et que les procédés ne soient exécutés avec le plus grand soin, l'expérimentateur ne peut espérer un succès complet. . Qui plus est, l'expérimentateur ne doit pas se contenter d'un seul essai. Si chaque recette pouvait être exécutée en même temps par chaque cuisinier, nous trouverions la cuisine la plus exquise sur chaque table d'Europe. J'ai publié un jour la recette correcte pour fabriquer des objets à partir d'un type particulier de *papier mâché* durci. C'était très facile à faire. J'avais vu des spécimens de la vaisselle et j'ai reçu la recette de l'inventeur. De plus, cela avait permis de gagner beaucoup d'argent. Cependant, peu de temps après l'avoir publiée, j'ai reçu une lettre indignée du directeur d'une grande entreprise manufacturière, affirmant qu'ils avaient essayé ma recette et avaient complètement échoué !

MASTIC FRANÇAIS :—

Sable de quartz ou de silex, les pièces 300

Chaux vive en poudre, » 100

Litharge, » 50

L'huile de lin, » 35

MASTIC DE PAGET :—

Sable de silex 315

Craie lavée 105

Plomb blanc 25

Minimale dix

Sucre de plomb en solution 45

L'huile de lin 35

La pâte ou « pâte » ainsi formée doit être broyée avec des rouleaux horizontaux dans un moulin, comme celui qu'on utilise pour le chocolat, jusqu'à ce que tous les ingrédients soient *très* bien amalgamés.

UN TRÈS BON CIMENT POUR RÉPARER , surtout là où les objets sont exposés à l'eau, qu'ils soient en pierre ou en faïence, se fait de la manière suivante :

Verre en poudre 40

Litharge lavée 40

Vernis à l'huile de lin 20

Le verre en poudre est préparé en chauffant le verre au rouge, en le jetant dans l'eau, en le broyant et en le tamisant. Cette poudre est saturée de vernis à l'huile de lin et chauffée dans une bouilloire. Ce ciment durcit en trois jours. LEHNER observe que la poudre de verre sert dans de telles recettes à résister à l'action des acides, etc. , puisqu'il forme en combinaison sur la surface un vernis d'une grande dureté ; c'est -à-dire que le verre et le plomb forment une combinaison chimique. Le verre calciné pulvérisé n'agit donc pas comme un « indifférent » mais comme un ingrédient chimique.

LA CASÉINE , ou fromage, constitue la base de plusieurs recettes pour réparer la pierre, comme lorsqu'il y a des trous dans un bloc ou que le mortier a cédé. Pour le préparer à l'emploi (LEHNER), on laisse reposer le lait dans un endroit frais, en écumant avec le plus grand soin toute la crème. Placez-le sur un filtre et versez dessus de l'eau de pluie jusqu'à ce qu'il soit purifié de toute trace d'acide lactique ; puis nouez-le dans un linge, faites-le bouillir dans de l'eau et étalez-le sur du papier buvard dans un endroit chaud, lorsqu'il sera une substance semblable à une corne. Cela se conservera longtemps. Pour le préparer à l'utilisation, frottez-le dans une soucoupe avec de l'eau.

POUR RÉPARER LA PIERRE, faites ce qui suit :

Caséine   12

Chaux éteinte 50

Sable fin   50

Une autre recette :—

Faire bouillir le fromage nouveau dans l'eau jusqu'à ce qu'il s'étire en fils, en y incorporant de la chaux éteinte et de la cendre de bois tamisée dans les proportions suivantes :

Fromage   100

Eau   200

Chaux éteinte   25

Cendres de bois   20

Cela peut également être utilisé pour fermer des cavités dans les arbres ou dans le bois.

UN CIMENT AU FROMAGE POUR LA PIERRE , et à de nombreuses autres fins , est fabriqué comme suit. Il peut se conserver longtemps et est très durable (LEHNER) :—

Caséine   200

Chaux calcinée   40

Camphre   1

Celui-ci doit être étroitement incorporé et bien bouché. Au moment de l'utiliser, mélangez-le avec de l'eau et appliquez-le immédiatement.

Le ciment suivant était utilisé par les Romains notamment pour la pose des mosaïques. Il devient dur comme du marbre et prend avec une grande rapidité : à un litre de lait, ajoutez le blanc de cinq œufs et incorporez de la chaux vive en poudre jusqu'à ce qu'une pâte se forme. Cette composition peut être utilisée pour réparer ou fabriquer *des scagliola*, qui sont des fragments de marbre ou de pierre incrustés dans une masse dure. Quand il durcit, polissez la surface avec des râpes, frottez avec une pierre brute, et enfin polissez avec de la poussière de marbre, puis de l'émeri ou du tripoli . De belles dalles pour tables, colonnes, sols et murs peuvent ainsi être réalisées. C'est précieux pour la réparation.

CERESA est alliée à cela. Nous fabriquons une base à partir de ce ciment ou de tout autre ciment qui tiendra *fermement* et pressons sur la surface de la poudre de verre, qui peut être fine ou de n'importe quel degré de grossièreté. Les grains grossiers brillent le plus brillamment ; la poudre fine est la mieux adaptée aux ombres délicates. L'effet est meilleur lorsque les pierres de mosaïque et les cubes d'or sont introduits avec parcimonie. Pour fabriquer les cubes d'or, prenez deux petites vitres, recouvrez un côté de chacune de vernis ou de ciment mastic, posez entre elles de la feuille d'or et joignez-les. De très belles images peuvent être réalisées de cette manière. Il n'est pas non plus nécessaire qu'ils soient finement exécutés pour une décoration ordinaire. Tout ce qu'il faut pour cet art magnifique et peu connu, c'est du ciment, une quantité de verre ou de pierre de différentes couleurs , ainsi qu'un mortier et un pilon. Les cubes en mosaïque, ainsi que ceux en or, peuvent être achetés à Londres.

À cela s'ajoute un art que je crois pouvoir prétendre avoir inventé. Elle consiste à briser des déchets de porcelaine, de vaisselle ou d'ustensiles fictifs en petits carrés ou triangles et à les poser en mosaïque dans le ciment. L'avantage est le faible coût du matériau et le nombre infini de nuances de couleurs qui peuvent être sélectionnées. Son inconvénient est qu'il ne s'use pas comme un trottoir, mais il s'adapte parfaitement aux murs.

UN CIMENT SOLIDE ET GROSSIER POUR LES TRAVAUX DE BRIQUE OU DE PIERRE dans la construction est fabriqué comme suit : -

Chaux éteinte   40

Poussière de briques dix

Limaille de fer   dix

Sang de bœuf   8

Eau   8

Le sang est agité tel qu'il vient de la bête abattue avec un balai pendant dix minutes pour briser la fibre . Il faut ensuite le mélanger à l'eau et le pétrir avec la poudre. La colle peut remplacer le sang. Ce ciment, s'il est correctement fabriqué, prend très durement et devient adhésif.

POUR CARRELAGE, BRIQUE OU COMPOSITION :—

Chaux éteinte   100

Cendres de charbon tamisées   50

Sang de bœuf brassé   15

On peut observer que plusieurs des ciments les moins chers peuvent être employés pour former de grosses briques en les combinant avec des pierres brisées ou des décombres, du gravier, des cailloux, des briquettes, etc. Une autre méthode, appelée BÉTON , consiste à fabriquer des caisses de planches, et à former un mur solide en versant le mélange, ou en le pilonnant, selon sa dureté. Ainsi une maison est faite entièrement d'une seule pièce ; mais son excellence dépend entièrement de la qualité du ciment employé et du soin apporté à la construction. Le mortier de chaux simple, s'il n'est pas d'une qualité supérieure, formé à la hâte, comme je l'ai vu, est très sujet à se fissurer et à se briser. Là où le ciment hydraulique est de bonne qualité et bon marché, les maisons peuvent être construites aussi solides que le granit. Un ciment bon et solide de ce genre peut être fabriqué de la manière suivante :

Chaux brûlée   dix

Caséine   12

Ciment hydraulique 30

Les proportions peuvent être très variées dans de tels ciments selon leur prix, mais généralement avec un résultat satisfaisant.

Les fractures ou décolorations du marbre, comme de la statuaire, sont si parfaitement réparées à Florence que la jonction n'est pas perceptible. Même les taches sombres sont éliminées. Le processus consiste à percer un trou rond concave et à couper la pièce à insérer de manière à s'adapter exactement à un bouchon convexe. Il est ensuite fixé avec du mastic transparent ou un autre ciment transparent. Après y avoir bien réfléchi, on s'apercevra que c'est extrêmement ingénieux, car cela seul permet d'assurer un ajustement parfaitement serré. En tournant le bouchon dans le creux, il se broie rapidement pour former un bouchon précis ; ainsi, lorsque le ciment est appliqué, il peut être réduit au minimum ; en effet, par ce moyen, la ligne de jonction est réduite à sa plus fine limite.

Lorsqu'un ciment très résistant est nécessaire pour le travail de la pierre, il peut être préparé en mélangeant une fine poudre de ciment, *par exemple* du ciment Portland, avec du silicate de soude liquide. Comme il sèche presque immédiatement, il doit être appliqué rapidement. Il est particulièrement bien adapté à la construction sous l'eau, car il devient alors extrêmement dur. Avant de l'appliquer, enduisez la pierre de silicate pur.

Ce qui suit est hautement félicité par LEHNER : -

Le raccommodage des statues en gypse ou plâtre de Paris s'allie au travail de la pierre. Les bords cassés sont lavés à l'eau jusqu'à ce qu'ils ne soient plus absorbés et que la surface reste humide. Mélangez ensuite le plâtre blanc de Paris frais et calciné avec beaucoup d'eau jusqu'à obtenir une pâte fine, et continuez à remuer jusqu'à ce qu'il soit froid. Peignez ensuite rapidement cette pâte sur les bords cassés, en continuant à presser les deux ensemble jusqu'à ce qu'ils durcissent.

C'est, dit LEHNER, une particularité du gypse que, lorsqu'il est mélangé avec *de l'alun* dissous dans l'eau, il met beaucoup plus de temps à durcir, mais il est finalement beaucoup plus dur. Ainsi, si l'on laisse reposer la poudre de gypse pendant vingt-quatre heures dans de l'eau d'alun, si on la sèche, puis si on la calcine de nouveau, la poudre, mélangée à l'eau, se fige en une pierre aussi dure que le marbre.

Le plâtre de Paris et l'alun, combinés avec la poudre fine de verre calciné, forment un ciment très dur et durable, d'une utilité très générale dans toutes les réparations de pierre.

Pour un travail exhaustif au sujet non seulement du raccommodage de la pierre, mais aussi de la fabrication de la pierre artificielle et de nombreux ciments, ainsi que de la combinaison et de l'adaptation à l'usage du papier, de la cellulose, de la sciure et des copeaux, du gypse, de la craie, de la colle, etc., comprenant non seulement des recettes anciennes mais aussi les plus récentes, consulter *Die Fabrikation künstlicher plastischer Massen* , de Johannes Hofer ; Leipzig, A. Hartleben, prix 4s.

IVOIRE RÉPARATEUR

Les œuvres d'art en ivoire ou en os sculpté sont très précieuses lorsqu'elles sont parfaites, mais lorsqu'elles sont brisées ou défectueuses, elles peuvent très souvent être achetées pour une bagatelle. Pourtant, le processus de réparation ou de restauration des parties manquantes n'est pas difficile.

La première chose à considérer est la couleur . Lorsque le vieil ivoire n'a acquis qu'une teinte délicate, comme le jaune de Naples, cela ajoute à son attrait ; les ombres et les marques brunâtres qui se rassemblent dans les angles des reliefs ne sont pas non plus repoussantes. Ceux-ci peuvent être laissés intacts et même imités. Mais une grande partie du vieil ivoire devient bistre noirâtre , ou d'une teinte sale, tachetée de brun ou neutre, qui n'a rien de commun avec l'effet artistique, et suggère, comme les vieux bidonvilles des villes, plus de repoussant que de pittoresque. Pour nettoyer ces pièces, dissolvez l'alun de roche dans l'eau de pluie jusqu'à ce qu'il devienne blanc ou qu'il forme une saturation complète. Faites-le bouillir et gardez l'ivoire dans la solution bouillante pendant environ une heure, en le retirant de temps en temps et en le nettoyant avec une brosse douce. Laissez-le ensuite sécher dans un chiffon de lin ou de mousseline humide ; il sera ensuite nettoyé.

L'ivoire est souvent blanchi par le simple processus de mouillage, ou en l'essuyant avec de l'eau puis en l'exposant aux rayons du soleil ; ce qui doit cependant être fréquemment répété. Selon LEHNER , le seul procédé parfait et certain par lequel un ivoire quelconque peut être nettoyé est de tremper l'objet pendant un certain temps dans de l'éther ou du benzole , afin d'en extraire toute matière grasse, puis de le laver à l'eau et enfin de le conserver dans superoxyde d'hydrogène (*Wasserstoff* , *superoxyde*) jusqu'à ce qu'il soit blanchi, après quoi laver à nouveau à l'eau.

POUR FOURNIR LES PORTIONS MANQUANTES. — Prenez de la poussière d'ivoire, telle qu'on peut en acheter chez tout tourneur d'ivoire, tamisez-la jusqu'à en obtenir une poudre impalpable, ou bien lévitez-la ou broyez-la sous de l'eau aussi fine que de la farine dans un mortier. Combinez ensuite cela avec de la gomme arabique , dans une solution d'alun, ou avec du silicate de potasse. Les coquilles d'œufs, lévitées, peuvent remplacer la poussière d'ivoire et sont encore moins susceptibles de devenir grises ; et de la colle blanche très fine ou de la gélatine de l'espèce la plus claire peut être substituée à la gomme arabique .

LOUIS EDGAR ANDÉS , dans son ouvrage habile sur l'ivoire, la corne, la nacre et l'écaille de tortue, explique un processus très semblable à celui déjà décrit. Selon lui, prenez de l'os finement réduit en poudre (ou de la poussière d'ivoire), combinez-le avec du blanc d'œuf, et le résultat sera une substance intensément dure, qui peut être tournée ou sculptée comme de l'ivoire. Pour parfaire cela, il faut soumettre la masse à une chaleur de 50 à 60° centigrades, puis à une forte pression. La gélatine ou meilleure colle, avec la glycérine , est tout aussi bonne que le blanc d'oeuf, et on peut avantageusement la combiner avec ce dernier. Après avoir bien mélangé la composition, prenez l'objet en ivoire cassé, réparez les parties manquantes et remplissez les cavités avec la pâte. Bien qu'il ne soit pas égal au celluloïd en tant qu'imitation de l'ivoire neuf et frais, ce ciment ressemble beaucoup au vieil os et à l'ivoire , et *après quelques expérimentations*, l'amateur artistique peut réussir à mélanger le *liant* ou l'adhésif avec la poussière de manière à prendre des moulages qui sont des imitations presque parfaites des originaux. Mais qu'on le remarque, en cela comme en tout, il ne faut pas s'attendre à un succès parfait dès un premier essai, comme trop de gens le font .

Lorsque la pâte est sèche, lissez la surface avec un cutter bien aiguisé, de manière à éliminer les petites saillies, puis polissez-la, d'abord à l'émeri fin ou au tripoli , puis au brunissoir, enfin à la main.

Si vous avez, par exemple, une vieille assiette plate en ivoire, comme celle du XIVe siècle que j'ai devant moi, que j'ai achetée pour une bagatelle parce qu'elle était cassée, déposez-la dans une boîte parfaitement adaptée, une bande d'étain dans un Square répondra et comblera le poste vacant. L'ornement manquant sur la face supérieure peut être sculpté, ou même fourni à partir d'un tampon durci ou d'un moule de chapelure molle roulée. Cette chapelure peut être rendue très dure par mélange avec un très peu d'acide nitrique et d'eau. Les pipes en écume de mer imitation, qui ressemblent plutôt à de l'ivoire ou à de l'os, sont fabriquées par pression à partir de cette composition.

Je puis mentionner ici que ce ciment d'ivoire ou d'os, peu connu, est admirablement adapté à la réparation des incrustations brisées. Il y avait à Florence, au XVIe siècle, une vaste fabrication de bas-reliefs délicats pour petits cercueils en *chaux et en riz* , qui ressemblaient beaucoup à de l'os ou à de l'ivoire. Il était extrêmement durable, probablement parce qu'il était extrêmement bien travaillé. Les spécimens en rapportent un prix élevé.

Une très légère infusion de jaune de Naples, à laquelle on a ajouté un soupçon de brun réduit en blanc de Chine, donne à la pâte une couleur vieil ivoire . Les coins et les contours peuvent être ombrés en brun Vandyke.

Avant de tenter de coller ou de masticer des ivoires fracturés, il faut toujours les laver dans la solution d'alun, sinon ils refuseront souvent d'adhérer.

Lorsqu'on y ajoute un peu de merlan et un peu d'huile, très bien incorporés à la pâte d'ivoire, et qu'on laisse sécher complètement, on peut la couper ou la sculpter dans n'importe quelle forme.

L'ivoire ou l'os, lorsqu'ils sont très vieux, deviennent cassants ou s'effritent et tombent en poudre, parce que certaines substances organiques en dessèchent, laissant principalement comme résidu de la chaux. Lorsque les ivoires de Ninive furent apportés au British Museum, le célèbre Sir Joseph Hooker suggéra de les tremper dans de la gélatine. Cela a effectué une restauration parfaite. Lorsqu'il arrive qu'un objet en ivoire, un os ou un crâne soit si fragile qu'il ne supporte pas le moindre contact sans tomber en poussière, on peut souvent le sauver en *pulvérisant doucement* dessus de l'eau dans laquelle de la gélatine ou de la colle a été dissoute. . Comme la colle peut être fabriquée en faisant bouillir de vieux gants, et comme un spray peut être facilement improvisé, on verra que les fouilleurs et les ouvreurs de tombes anciennes pourraient par ce moyen sauver des milliers de reliques curieuses qu'on laisse périr. Comme il s'agit bien d'une espèce de raccommodage ou de restauration, elle est de mise dans cette œuvre. Ceci est particulièrement désirable pour les crânes des premiers âges, qui sont d'une valeur inestimable, dont nous avons si peu, et dont des milliers ont péri et qui auraient pu être conservés de la manière que j'ai indiquée.

Des sprays pour diffuser du parfum ou des liquides médicamenteux, adaptables à de la colle liquide fine, sont disponibles chez toutes les pharmaciens. Mais nous pouvons mieux atteindre cet objectif en prenant une brosse à dents, ou n'importe quelle brosse de ce genre, en la mouillant, puis en la passant sur le bord émoussé d'un couteau ou sur une bande de fer blanc. Selon JC WIEGLEB , un Français de son époque touchait une pension très importante pour cette invention, appliquée à la pulvérisation des pastels. Les Romains fabriquaient un spray, très imparfaitement, en pressant ou en jetant brusquement des liquides à partir d'une éponge.

Les manches en ivoire des couteaux et des fourchettes, lorsqu'ils sont desserrés, peuvent être mieux réinitialisés en versant d'abord un peu de vinaigre fort. Une fois sec, utiliser de la colle acidulée. Une recette courante à cet effet est la suivante : -

Résine (colophane) 20 les pièces

Soufre   5   »

Limaille de fer   8   »

Chauffer et utiliser tendre.

Lors de la réparation de l'ivoire, il est souvent nécessaire de le teindre de différentes couleurs . La plupart des anciens ouvrages sur les recettes contiennent des instructions à ce sujet. Dans celui de RIS PAQUOT , ils sont donnés ainsi :

Préparez d'abord un mélange de limaille de cuivre, d'alun de roche et de vitriol romain. Faites-le bouillir, laissez reposer six jours, puis ajoutez un peu de rock-alun. La pièce d'ivoire à teindre est conservée dans cette solution pendant une demi-heure. *Teindre en rouge.* — Faire bouillir des copeaux de bois de campanule ou de la cochenille dans de l'eau ; quand elle est chaude, ajoutez environ 25 grammes *de cendre gravelée* , maintenez-la au feu jusqu'à ce que la couleur ait pris, puis ajoutez du rock-alun. Celui-ci est filtré sur du lin, et l'ivoire à teindre est mis dans cette liqueur. *Vert.* — Prenez un litre de lessive de cendre *de sarment* , 7 grammes de vert-de-gris en poudre, une poignée de sel commun avec un peu d'alun. Faites-le bouillir à moitié; dès qu'il est retiré du feu, placez-y l'ivoire et laissez-le jusqu'à ce qu'il soit bien coloré . *Bleu.* — Dissolvez l'indigo et la potasse dans l'eau, puis mélangez-les avec un litre de lessive de cendre de vigne. *Noir.* — Faire bouillir l'ivoire dans la composition suivante : — Vinaigre, 500 grammes ; noix de galle pulvérisées , 12 grammes ; coquilles de noix, 12 grammes. Réduire à la moitié. Ce sont tous des colorants très puissants qui peuvent être utilisés pour d'autres substances.

« L'ivoire peut être ramolli et rendu presque plastique en le trempant dans de l'acide phosphorique. Une fois lavé à l'eau, pressé et séché, il retrouvera sa consistance d'antan. La poussière d'ivoire ainsi traitée peut être réellement rendue plastique. Le processus nécessite des soins.

Dans la *Magia Naturalis* d' HILDEBRAND , ouvrage du XVIe siècle, on nous dit que l'ivoire peut être imité ou réparé avec un ciment fait de poudre de coquilles d'œufs, de gomme arabique en solution et de blanc d'œuf. Séchez-le au soleil.

La corne est alliée à l'ivoire. La corne de cerf était fréquemment utilisée comme matériau pour fabriquer une substance moulée sous de nombreuses formes. À cette fin, la partie la plus dure des cornes était sélectionnée et limée ou réduite en poudre, puis bouillie dans une lessive de potasse forte. C'est ainsi devenu une pâte qui était rapidement pressée dans des moules . Une fois sèches, les figurines étaient soigneusement polies. La corne de bœuf peut être traitée de la même manière. Lorsqu'elles sont fêlées, les cornes sculptées ou les flacons de poudre peuvent être réparés avec cette pâte ; aussi avec du mastic et du merlan . La corne à l'état mou se colore facilement en y mélangeant n'importe quel colorant. [3]

On a récemment déploré dans une revue importante, dans un article sur la vente d'œuvres d'art anciennes, que les imitations d'œuvres d'art antiques en ivoire soient maintenant portées à une telle perfection que même les savants en la matière ont été trompés. Cela est parfaitement vrai, et il est donc d'autant plus dommage qu'une telle imitation, qui n'est pas nécessairement très coûteuse, ne puisse être étendue à nos grands musées, dont les plus riches jusqu'à présent rarement vont au-delà de simples moulages en plâtre pour faire des copies de travail de l'ivoire. Les artistes de l'imitation semblent être entièrement au service de personnes qui vendent délibérément des contrefaçons contre de véritables reliques de l'Antiquité. Mais, comme Martin Luther ou quelqu'un l'a fait remarquer un jour à propos de l'adaptation d'hymnes à des airs populaires : « Il n'y avait aucune raison pour que le diable garde tous les bons airs pour lui », et il n'y a donc aucune raison pour que des copies de milliers d'œuvres exquises en ivoire soient reproduites. , les os et les cornes ne devraient pas être mieux connus du monde. Il est possible que le monde dans son ensemble suscite peu d'intérêt *réel* pour de telles œuvres ; mais l'intérêt viendra avec le temps et la familiarité.

En ce qui concerne l'ivoire ou la corne, il existe un procédé consistant à en appliquer une imitation sur n'importe quel type de surface, qui est, lorsqu'il est exécuté avec habileté, remarquablement efficace. Il est principalement exécuté à Vienne, où il est appliqué sur le cuir, le plâtre de Paris, le bois et le papier peint. Avec des variantes, cela se présente essentiellement comme suit : -

Couvrir le sol de vernis souple, puis peindre dessus avec du jaune de Naples clair, gradué le plus joliment possible selon un modèle ancien en ivoire. Il est préférable de ne pas avoir un ton trop uniforme, car les œuvres anciennes ont souvent leurs nuances. L'objectif ici n'est pas nécessairement de singer ou de copier des œuvres anciennes, mais d'en saisir ce qu'elles contiennent de beau. Remplissez ensuite les contours du motif, ainsi que les points et irrégularités à proximité, ou n'importe où, avec du marron plus ou moins foncé. Pour cela, étudiez le vieil ivoire. Vernissez ensuite avec SOEHNÉE , n°3. Beaucoup dépend de la qualité de cette deuxième couche. Enfin, frottez très soigneusement avec la peau de chamois et la main, et répétez le processus plus d'une fois si vous voulez qu'il ressemble beaucoup à l'ivoire. Des imitations très extraordinaires et parfaites de l'ivoire, de l'os, du parchemin usé et brillant et du cuir brun, du bois, du marbre, bref de toute sorte d'œuvre d'art qui a été frottée et usée à la main pendant des siècles, peuvent être réalisées par ce procédé. d' ivoire avec des couches alternées de vernis, de couleur , de vernis, etc.

Lorsqu'il n'y a pas de relief, la peinture elle-même peut être travaillée à la roue et au traceur, puis repeinte et vernie. C'est un très bel art, spécialement applicable aux couvertures de livres, et souvent utile à la réparation d'ouvrages anciens. Je voudrais ici répéter ce que j'ai dit, à savoir que l'imitation des effets dans les œuvres d'art anciennes ou dans d'autres genres d'art, si fermement répudiée par de simples artisans qui eux-mêmes ne sont généralement que des imitateurs des desseins d'autrui, n'est pas de faire des contrefaçons, mais prendre de l'âge ou de l'art de beaux effets, quelle qu'en soit la production, et les appliquer au travail. Ceux qui sont trop consciencieux pour exécuter des pochoirs sur un mur ou pour utiliser des moules pour le travail du cuir feraient bien de se demander d'abord s'ils en *savent assez* pour concevoir un pochoir vraiment bon ou admirable, ou un excellent moule , car c'est dans l'ordre du jour. génie qui naît et exécute, non pas dans les simples moyens, outils et matériaux employés, qui constituent l'art. L'art ne dépend nullement de rendre l'art difficile ou de rendre ses méthodes faciles ; il fait preuve de compétence, mais méprise les normes chinoises de la simple industrie. Un artiste comme ALBERT DÜRER ne se serait jamais targué de n'utiliser que certains outils comme étant « artistiques » ; il aurait cependant réalisé des dessins qui auraient forcé l'originalité et l'art dans une photographie. Il y a des effets merveilleux d'ondulations dans les murs anciens, des jeux d'ombres et de lumières, de couleurs et de polis dans les roches, les brins et les tas de cendres, que LÉONARD DE VINCI a su capturer et transférer à différents sujets, et dans lesquels peut-être les artisans de son le temps a été qualifié de « non artistique ».

L'âge, qui donne un certain charme exquis au vin et aux paroles de sagesse, a fait de même à toutes les choses matérielles, dont on peut même dire étrangement que partout où il ne détruit pas un charme, il en confère un, comme le clair de lune, qui rend les ombres nocturnes plus terribles ou bien plus belles.

Il est regrettable que ce principe, qui est très important, soit peu compris. Les fabricants de toutes les œuvres d'art décoratif s'efforcent actuellement, sans exception, de tout rendre absolument neuf, cruellement neuf, ou bien de n'être qu'une simple copie d'œuvres anciennes. Ce qu'il leur faut, c'est tirer, comme REMBRANDT , de l'âge autant de son charme particulier qu'il est adaptable au travail moderne.

J'ai introduit ces remarques parce que le raccommodeur et le restaurateur d'ivoires anciens, de reliures et de tableaux, s'il considère son métier comme un art - ce qu'il est réellement - est particulièrement apte à les apprécier pleinement. La restauration, comme la copie, conduit à créer une nouvelle œuvre. Je pense que toute personne d'intelligence ordinaire peut, avec zèle et application, apprendre à réparer n'importe quoi comme décrit dans cet ouvrage, et qu'à partir d'un tel raccommodage, il est beaucoup plus facile d'apprendre à réaliser des œuvres d'art mineures. « Réduisez le pas du sénateur au *podestá* – raccourcissez le pas du *podestá* au roi. »

Un grand mérite et particularité de l'ivoire, comme de la corne, est d'être résistant et élastique, ainsi que d'une belle qualité transparente ou diaphane. Ces caractéristiques n'ont, à l'exception de son grain ou de sa texture, été bien imitées jusqu'à présent que dans *le celluloïd* , malheureusement trop coûteux pour un usage très général et, ce qui est pire, trop susceptible de destruction. Cependant, je prévois avec confiance que d'ici peu, on découvrira une substance bien supérieure au celluloïd comme substitut, et probablement beaucoup moins chère et moins périssable. Au *celluloïd* , je puis ajouter cependant les préparations sulfurées de caoutchouc et de gutta-percha, connues sous le nom de vulcanite ou d'ébonite. Celles-ci sont certes dures, résistantes et élastiques à souhait, mais très sombres et opaques.

LEHNER , dans son ouvrage *Die Imitationen* , observe que les imitations de l'ivoire doivent être variées pour s'adapter à la couleur et à la qualité des originaux. Ceci nécessite une étude, dans un premier temps, de l'adhésif ou de la colle qui sera utilisé. Celle-ci, lorsqu'elle est incolore , est connue sous le nom de gélatine française et coûte très cher. Au lieu de cela, l'expérimentateur peut prendre la meilleure colle blanche de Salisbury ou de la gomme arabique préparée avec de l'eau d'alun. Deuxièmement, le corps , qui peut être de carbonate de magnésie, de carbonate de chaux, tel que marbre en poudre, chaux sulfurée ou gypse en poudre, craie, amidon ou farine, oxyde blanc d'étain, de zinc, sulfate de barytine ou blanc de Chine, oxyde de plomb blanc. En combinant, *par exemple* , la magnésie avec la colle, on ajoute dix pour cent. de glycérine donne une élasticité et une clarté semblable à une corne. Pour durcir l'ivoire artificiel fabriqué avec de la colle, les objets sont plongés dans une solution forte d'alun ou de tanin pendant environ quatre minutes. Le tanin est mieux fabriqué à partir de pommes de galle. Les objets ainsi fabriqués ont une teinte ivoire antique, jaunâtre. L'alcali de chrome rouge peut être utilisé en solution avec de l'eau à la place du tanin, mais il donne un jaune plus fort.

Selon le brevet DE HYATT , l'ivoire artificiel est fabriqué en combinant un sirop composé de huit parties de gomme laque et de trois parties d'ammoniac avec quarante parties d'oxyde de zinc. Celui-ci est chauffé et soumis à une pression.

LE CELLULOÏD est le meilleur matériau pour fabriquer de l'ivoire artificiel. Il est fabriqué par la combinaison de cellulose ou de fibres végétales sous forme de coton traité à l'acide ; c'est-à-dire du coton-tige et du camphre. On le vend en feuilles minces, etc., qui peuvent être ramollies entre 100° et 125° centigrades, de manière à pouvoir prendre n'importe quelle forme. Par infusion de matières colorantes , telles que l'oxyde de zinc, le cinabre, etc., le celluloïd ressemble à de l'ivoire, du corail ou de l'écaille de tortue. On l'a souvent appliqué à faire une imitation parfaite de la mosaïque florentine, et bien sûr il sert admirablement à réparer de tels ouvrages lorsqu'ils sont brisés.

Un ciment très résistant pour l'ivoire, l'os ou le bois fin est obtenu en faisant bouillir de la gélatine transparente dans l'eau jusqu'à obtenir une masse épaisse . Ajoutez à cette gomme-mastic dissoute dans l'alcool, cette solution étant un quart, et incorporez-y de l' oxyde de zinc blanc pur jusqu'à ce qu'il forme un fluide comme du miel. C'est aussi à lui seul un ivoire artificiel, une fois préparé et séché dans la masse. Un autre peut être réalisé en combinant du ciment diamant (*vide* Glass) avec de la poudre d'ivoire et un peu de glycérine . Également avec la même chose, ou avec de la colle blanche très forte et des coquilles d'œufs en poudre, lesquelles auraient dû être bouillies. Et aussi du blanc d'œuf, de la gomme arabique , un peu de vinaigre fort et des coquilles d'œufs lévigées.

Une autre recette pour réparer ou fabriquer de l'ivoire et des substances similaires consiste à prendre du papier doux et très blanc en pâte, combiné avec de la laine de coton, traitée avec un acide très dilué ou du vinaigre *fort* . Ajoutez à cela des coquilles d'œufs en poudre, transformées en pâte avec un peu de glycérine ; amalgamez-le aussi soigneusement que possible avec le mélange de papier et de coton et soumettez-le à une forte pression ou à un roulage.

LA CELLULOSE sous quelque forme que ce soit, qu'elle soit fabriquée à partir de coton, de lin, de bois ou d'une autre substance fibreuse végétale, constitue une base qui peut être traitée avec un acide dilué pour produire une substance cornée ou semblable à du parchemin. Une modification de ceci est observée dans la fabrication de celluloïd avec du camphre. Ces formes modifiées de création organique peuvent être combinées avec d'autres substances organiques ou minérales d'une grande variété. Ainsi, la glycérine , et parfois des huiles de différentes sortes, confèrent à de tels mélanges une élasticité ou un aspect diaphane ; la poussière d'ivoire a une affinité pour l'huile et la colle ; et tout cela se combine avec du parchemin, de la poussière d'ivoire bouillie et de la fibrine ou de la cellulose.

Certaines plantes marines, comme *le varech* , donnent une substance fibreuse qui a des qualités très particulières et qui se prête à des combinaisons ingénieuses. Certaines expériences et observations me convainquent qu'il existe ici un vaste domaine, encore inexploré, dans lequel la science fera encore des découvertes et apportera de précieuses contributions à la technologie.

Le lecteur particulièrement intéressé par ce sujet pourra consulter avantageusement *Die Verarbeitung des Hornes, Elfenbeines , Schildpatts und der Perlenmutter* , etc., von Louis Edgar Andés ; Vienne, A. Hartleben, prix 3s.

RÉPARER L'AMBRE
COMMENT REJOINDRE PARFAITEMENT L'AMBRE CASSÉ ET L'IMITER - COMMENT FAIRE FONDRE L'AMBRE EN FRAGMENTS DANS UN SEUL CORPS

L'ambre a été admiré à tous les âges et partout pour sa couleur exquise et sa semi-transparence. De nombreuses superstitions y étaient attachées, et nombreux sont ceux qui croient encore que porter une perle fabriquée à partir de cette perle est bon pour la vue. On le trouve principalement sur les côtes prussiennes, au large de l'océan allemand, mais on en ramasse également en quantités considérables sur les côtes anglaises. C'est la gomme ou résine d'une espèce de pin aujourd'hui disparue, qui ressemblait probablement beaucoup à celle de Nouvelle-Zélande, qui produit la gomme *kauri*, qui ressemble tant à l'ambre.

Un peu d'ambre est jaune et clair comme un bonbon au citron. Ceci est largement imité pour les porte-cigares et les embouts de pipe, les perles, etc. Ensuite, il y a le trouble, variant du blanc à la couleur paille , et le beau brun doré, qui semble si riche en lumière du soleil ; aussi le brun foncé et le noir. Ces ambres brun foncé se voient généralement dans les vieux ornements et sont d'une espèce extraite de la terre. L'ambre clair peut être foncé jusqu'au brun par un processus artificiel.

La gomme *copal*, originaire d'Afrique, ressemble beaucoup à l'ambre, mais elle est moins belle et plus cassante. La gomme *kauri*, originaire de Nouvelle-Zélande, lui ressemble beaucoup. Les deux sont utilisés pour imiter l'ambre.

Rares sont ceux qui savent réparer l'ambre cassé. Je suis assuré que la méthode suivante est une méthode fiable : — Réchauffez les morceaux, humidifiez-les avec de la potasse caustique (*ætz -kali*), puis pressez-les ensemble. Une fois bien fait, le jointoiement ne sera pas perceptible. On dit que par ce procédé, de petits morceaux d'ambre, de poussière d'ambre, etc., peuvent être transformés en blocs.

En imitant l'ambre, les meilleurs morceaux de copal sont sélectionnés, placés dans un récipient hermétique et dissous dans du pétrole, de l'éther sulfurique ou du benzole . Après avoir été séché en blocs, celui-ci est soumis à une forte pression. En séchant, la pression augmente.

Il m'est venu à l'esprit il y a de nombreuses années que la bonne façon d'unir le copal à un corps dur comme l'ambre serait d'utiliser un vernis dur ou flexible comme liant. Je trouve par l'ouvrage de LEHNER sur les Imitations qu'il a vérifié cela par l'expérience. Ce qui est également important, c'est que le processus de durcissement par pression soit ainsi grandement facilité. Je devrais juger, d'après toutes les lois chimiques, qu'un vernis infusé de glycérine en combinaison avec du copal, du kauri ou de la poussière d'ambre formerait, même sans pression, avec le temps une substance tout aussi dure que l'ambre et beaucoup moins cassante. Il serait souhaitable qu'un technicien expérimente de cette manière sur une variété de gommes et *fixe* ou rende ainsi permanente leur beauté. Il y a ici un vaste domaine à travailler. Le sujet de l'écume de mer et de l'ambre est entièrement traité dans un ouvrage intitulé *Die Meerschaum- und Bernstein-Fabrikationen* , von GM Raufer ; Vienne, A. Hartleben, 2 points.

Je peux ajouter que sculpter l'ambre est un art très élégant, donnant de beaux résultats. J'ai connu une jeune dame, feue Mademoiselle Catherine L. Bayard, qui y excellait. Elle s'effectue principalement avec des limes fines et du papier émeri ou de verre, car, en raison de sa nature extrêmement fragile, l'utilisation d'outils coupants comporte de grands risques pour tout expert autre que les experts. L'ambre est un matériau très coûteux, mais les objets qui en sont fabriqués ont une valeur plus que proportionnelle. Ceux qui voudraient s'entraîner à le sculpter devraient commencer par des morceaux de copal. Comme je l'ai déjà expliqué, de petits fragments et de la poussière d'ambre et de copal peuvent être fondus et combinés avec de la térébenthine claire pour former de grandes masses encore plus résistantes que les gommes indigènes.

Une imitation inférieure, mais néanmoins très jolie, de l'ambre peut être obtenue en combinant presque n'importe quelle gomme convenablement clarifiée et colorée ; comme, par exemple, la gomme arabique ou la dextrine avec de la gélatine (blanche de la meilleure qualité) et de la glycérine . S'il est bien mélangé et séché, il s'usera aussi bien que l'ambre. Certaines gommes d'arbres fruitiers, *par exemple* celles du pêcher et du cerisier, sont très joliment colorées et claires, et semblent admirablement adaptées pour être durcies par le même procédé. On les retrouve très fréquemment dans les vieux livres de recettes comme colles ou ciments. La colle ou la gélatine parfaitement transparente avec de la glycérine et des colorants transparents forment une excellente imitation des perles.

INDIARUBBER ET GUTTA-PERCHA
RÉPARER DES CHAUSSURES INDIARUBBER ET RENDRE DES VÊTEMENTS IMPERMÉABLES, AVEC D'AUTRES APPLICATIONS

Le caoutchouc indien ou la gutta-percha entre dans la composition de tellement d'objets familiers et utiles que rares sont ceux qui n'aimerais pas savoir comment les réparer lorsqu'ils sont blessés.

Comme les gommes cassantes ou non élastiques, le caoutchouc (avec lequel j'inclus la gutta-percha presque alliée) est grandement modifié par mélange avec certaines substances pulvérisées , qui forment avec lui une combinaison en partie mécanique, en partie chimique. Ceux qui souhaitent étudier à fond le sujet dans toutes ses relations peuvent consulter *Kautschuk (Caoutchouc) und Guttapercha* , von Raimund Hoffer ; Vienne, 1892, Hartleben.

Le Caoutchouc est partiellement soluble dans les carburés le soufre , l'éther, le pétrole pur ou le benzole , mais la gutta-percha l'est parfaitement. Dans cet état, il peut être appliqué comme vernis ou revêtement pour les réparations, car il durcit par exposition à l'air. Lorsqu'elle est mélangée avec du soufre et exposée à une chaleur de 110° à 115° centigrades, la gutta-percha devient ce qu'on appelle « vulcanisée », en prenant une couleur gris très clair , elle est plus élastique et conserve cette élasticité à un niveau beaucoup plus faible qu'auparavant. . Lorsque la chaleur est portée à (maximum) 180°, la masse devient très dure, coriace et noire, ou semblable à de la corne. Les conditions de ténacité, d'élasticité et de dureté dépendent de la quantité de soufre utilisée ; comme dans d'autres combinaisons, plus le matériau devient dur, moins il est élastique, c'est-à-dire plus cassant.

L'ÉBONITE est un caoutchouc extrêmement durci. Il est d'abord traité avec du chlore, lavé avec du sulfate de soude infusé dans de l'eau, puis mélangé avec des substances durcissantes et soumis à une forte pression.

Comme les chaussures en caoutchouc ou en « gomme » sont d'usage général, la plupart des gens les considéreraient comme des objets appropriés pour commencer. Pour ce faire, effectuez d'abord deux préparations distinctes comme suit :

JE.

Caoutchouc   dix

Chloroforme 280

II.

Caoutchouc   dix

Résine   4

Essence de térébenthine   2

Huile de térébenthine   40

Le No. I. se conserve simplement un certain temps dans une bouteille ou un pot bien fermé, seul. N° II. se fait en coupant très finement la gomme, en la mélangeant avec la résine, puis en ajoutant la térébenthine, et enfin en dissolvant le tout dans l'huile de térébenthine. Combinez ensuite I. et II. Pour réparer la chaussure, prenez un morceau de lin, trempez-le dans le mélange et placez-le sur la déchirure. Une fois sec, appliquez une ou plusieurs couches.

On peut observer que cette préparation peut être utilisée non seulement pour les chaussures en caoutchouc , mais pour bien d'autres objets. Appliqués sur les semelles des bottes en cuir, puis chauffés en répétant l'opération plusieurs fois, ils deviennent parfaitement imperméables. C'est mieux lorsque le cordonnier en fait un revêtement entre les deux semelles. J'ai testé cela souvent. La semelle intérieure peut être réalisée en dissolvant simplement le caoutchouc indien dans du benzole ou de l'éther. Une solution pour les réparations ordinaires peut être obtenue en trempant simplement le caoutchouc indien dans de l'essence.

Les déchirures ou les trous dans des chaussures en cuir ordinaires ou d'autres objets peuvent être très bien réparés de cette manière. Un morceau de cuir peut dans ce cas remplacer le chiffon en lin. Les bottes ou chaussures qui seront très exposées à l'humidité doivent être chauffées puis trempées ou imprégnées d'une solution de caoutchouc indien . Des préparations à cet effet peuvent être achetées chez tous les revendeurs de gomme et de gutta-percha.

Le tissu est généralement imperméabilisé en le trempant dans une légère solution de caoutchouc.

Une autre recette (LEHNER) est la suivante :—

Caoutchouc   150

Suif   dix

Chaux éteinte dix

Ceci est utilisé pour boucher ou fermer les bouteilles. Pour le rendre plus résistant, remplacez la chaux par de l'argile pour canalisations. Ou bien, si à la place de l'un ou de l'autre on utilise de l'oxyde de plomb rouge, il formera avec le temps un ciment extrêmement dur et parfaitement étanche, de grande valeur.

Un caoutchouc indien solide ciment :-

Caoutchouc, à propos   90

Pulvérisé soufre   dix

    Soit de 6 à 12 de ces derniers.

Ceci est particulièrement recommandé comme utile pour fermer les boîtes contenant des fruits, etc. Il est simplement vulcanisé caoutchouc .

La colle marine est un ciment très précieux et généralement utile. On l'appelle ainsi car, étant parfaitement étanche, il est utilisé à de nombreuses fins dans les navires. Elle s'applique non seulement à la réparation des vêtements en caoutchouc indien ou en gutta-percha, mais aussi aux objets en métal, en bois, en verre, en pierre, en papier ou en tissu ; comme, par exemple, les parapluies, sur lesquels, une fois déchirés, on peut coller une pièce ou une bande de soie ou de mousseline, qui durera aussi longtemps que le reste. C'est également bon pour imperméabiliser les chaussures. Il est vendu par les marchands des magasins de bord, les pharmacies et autres. "C'est une bonne chose d'avoir ce pays."

Colle marine dure :—

Caoutchouc   dix

Pétrole rectifié 120

Asphalte   20

Pour préparer cela, on suspendra le caoutchouc dans un sac de toile, dans un tonneau à très grande bonde, ou dans un grand pot, de manière que le sac ne soit qu'à moitié immergé. Celui-ci est conservé dans un endroit chaud pendant dix à quatorze jours, jusqu'à ce que la solution soit effectuée . Ensuite, l' asphalte peut être fondu dans une bouilloire en fer. Laissez couler lentement la solution de caoutchouc dans la bouilloire à feu doux, et mélangez-la l'une à l'autre jusqu'à ce que la masse soit bien conservée et mettez dans le sac ; le bord est ensuite tourné et incorporé . Lorsque cela est effectué , versez le mélange dans des moules préalablement huilés pour éviter toute adhérence. Le résultat est des gâteaux fins, brun foncé ou noirs, qui se brisent difficilement. L'excellence de ce ciment est quelque peu contrebalancée par la difficulté ou le soin qu'il faut observer dans son utilisation. Pour ce faire, placez le récipient dans lequel il doit être fondu dans un autre ou un *balneum . mariæ*, quant à la colle, remplie d'eau bouillante. Lorsqu'elle est liquide, retirez la bouilloire du feu et soumettez-la directement à la chaleur jusqu'à ce qu'elle atteigne une température de 150° centigrades. Lorsque cela est possible, chauffez l'objet à coller à 100°. Plus la couche est fine et plus la surface est chaude, mieux elle adhèrera, à moins qu'il ne s'agisse d'objets tels que des planches dures. Dans tous les cas, il convient d'exercer une pression aussi forte que possible pour rapprocher les deux parties, et de la maintenir jusqu'à ce que la colle soit sèche. Les boîtes collées ensemble au moyen de colle marine et également clouées sont d'une résistance extraordinaire et peuvent ainsi être rendues étanches à l'air et à l'eau. Ceux qui ont l'intention d'envoyer des articles qui peuvent être affectés par l'air marin, tels que les soies et le thé, qui changent de couleur et de qualité même lorsqu'ils sont emballés dans les caisses ordinaires les plus étroites, devraient employer des boîtes bien fermées avec une bonne colle marine. Il est également d'une valeur inestimable pour protéger les vêtements contre les mites, car si quelque chose est très soigneusement épousseté et qu'il n'y a pas de mites dedans, personne ne peut y entrer s'il est enfermé dans une boîte rendue hermétique.

A propos de cela, je dirai qu'en Amérique les papillons de nuit, qui sont bien plus nuisibles qu'en Europe, sont effectivement exclus au moyen de sacs en papier résistant, bien bâchés ou goudronnés. Les objets doivent être recouverts et réchauffés pour qu'ils se scellent. Des sacs en papier solides sont meilleurs que n'importe quel tronc pour exclure les mites, mais ils doivent toujours être bien gommés. Le tabac ne protège absolument pas contre ces insectes. J'ai même eu un vieux sac à tabac turc en laine , qui avait servi dix ans, et qui était en partie plein de tabac, presque dévoré par les mites, qui devaient en manger une grande quantité. Le camphre ou tout autre parfum n'est pas non plus aussi efficace qu'une fermeture hermétique d'une substance que les insectes ne mangeront pas.

LEHNER donne une suggestion concernant l'étanchéité des murs à l'air, qui est d'une utilité pratique si remarquable qu'elle devrait être imposée par les lois sanitaires dans chaque maison. Chaque fois que les murs ont tendance à absorber l'humidité — et c'est le cas dans tous les cas par temps humide, surtout dans les pièces souterraines — c'est *bien* plus dangereux qu'on ne croit généralement y mettre du papier. C'est tellement vrai que lorsque des ouvriers, par négligence, collent une couche de papier sur une autre sur un mur humide, la masse, avec le temps, émet une expiration très venimeuse, de sorte qu'on rapporte un cas dans lequel plusieurs personnes sont mortes l'une après l'autre. l'autre, parce qu'il a dormi dans une telle chambre. Pour éviter cela, utilisez le ciment imperméable suivant : -

Caoutchouc	dix
Craie lavée	dix
Huile de térébenthine	20
Bisulfure de carbone	dix
Résine (colophane)	5
Asphalte	5

Ceux-ci sont combinés dans un grand flacon, conservé dans un endroit modérément chaud et souvent secoué jusqu'à ce qu'ils soient bien incorporés. Le mur à recouvrir doit être brossé et essuyé, et dans certains cas chauffé, jusqu'à ce qu'il soit extrêmement sec. Ensuite, à l'aide du ciment, appliquez le papier de la manière habituelle. Elle collera avec une grande ténacité, étant une colle très serrée et résistante. Tout papier peint, quel qu'il soit, est plus ou moins porteur de paludisme par temps humide, tout comme l'odeur d'une bibliothèque *humide* ou d'une bibliothèque où l'odeur du vieux papier est perceptible et offensante. Il faut donc prendre toutes les précautions pour le rendre inoffensif.

Même si aucun papier n'est appliqué, ce ciment est très précieux lorsqu'il est simplement utilisé pour enduire l'intérieur ou l'extérieur de murs humides. Il peut, bien entendu, être utilisé pour réparer de nombreux articles en caoutchouc indien , raccommoder des chaussures, tanner des vêtements, etc. *A propos* de ce dernier point, je peux faire remarquer ici que toutes les personnes qui ont l'intention de se démener dans la brousse en tant que colons, ou de se rendre dans une région où réparer ou se faire réparer est difficile - comme j'en ai moi-même fait l'expérience à maintes reprises - feraient bien d'emporter un boîte en fer blanc étanche contenant de la colle imperméable, avec laquelle les chaussures déchirées, et très souvent les vêtements déchirés, peuvent être rapidement réparés. En fait, à l'aide d'un peu de couture grossière, ou même sans elle, on peut faire tenir des vêtements de cuir, de mousseline et même de tissu avec certains ciments, qui lieront littéralement n'importe quoi.

Il vaut la peine, pour ceux qui se proposent de vivre dans la nature, où qu'elle soit, de savoir préparer ou confectionner des vêtements en caoutchouc . La recette se réalise très facilement :—

| Gutta-percha | dix |
| Benzine | 100 |

Vernis à l'huile de lin 100

La gutta-percha est dissoute dans la benzine ; la solution, lorsqu'elle est claire, est versée dans un flacon contenant déjà le vernis, et le tout est ensuite soigneusement agité. Ce mélange, appliqué sur des tissus de toute nature, les rend totalement imperméables. Les vêtements peuvent ensuite être découpés et « cousus » ; c'est-à-dire liés ensemble avec le même ciment. Selon LEHNER , ce ciment peut être utilisé pour fabriquer des semelles de chaussures et est merveilleusement élastique. Tous les voyageurs , et assurément toutes les femmes de ménage, devraient avoir ce ciment parmi leurs possessions.

Il peut également arriver à un voyageur de se retrouver avec une dent creuse douloureuse dans une région où aucun dentiste n'est accessible. S'il a avec lui de la gutta-percha (blanchie est la meilleure solution à cet effet), il peut la combiner avec du verre très finement pulvérisé . (Pour *léviter* ou poudrer quelque chose d'aussi fin que de la farine, il faut la piler dans un mortier, ou sur du métal ou une pierre dure *sous l'eau* .) Chauffer ensuite et bien mélanger la gutta-percha et le verre. Faites-en des petits crayons qui, lorsqu'ils doivent être utilisés, doivent être trempés dans l'eau chaude. Ce ciment peut également être utilisé à de nombreuses autres fins.

Un ciment très admirable, qui devrait se trouver dans toutes les écuries et être connu de tous ceux qui possèdent un cheval, est fait comme suit :

Hartshorn et résine ammoniacum (*Ammoniakharz*)   dix

Gutta-percha purifiée   20-25

Chauffez la gutta-percha à 90°-100° centigrades et incorporez-la soigneusement à la résine en poudre. L'usage principal de cette admirable composition est de combler les fissures ou les fentes des sabots des chevaux. Il peut également être utilisé occasionnellement pour le plâtre. Pour l'appliquer sur les sabots, réchauffez-le et étalez-le avec un couteau chauffé. Il durcit si fort qu'il retiendra les clous.

Dans la réparation ou la fabrication, on peut observer qu'une très petite quantité de caoutchouc indien ou de gutta-percha peut être combinée avec du benzole ou de l'éther, ou du pétrole rectifié en grande quantité, qui devient bientôt dense. Ainsi, pour réaliser une surface ou une peau, on étale d'abord une *fine* couche sur l'objet ou le moule , puis on en applique une autre avec un pinceau large et doux ou « dabber » avec beaucoup de soin, de manière à lui donner une épaisseur uniforme. Il est donc préférable d'avoir la préparation toujours assez fine, et de l'utiliser au bon moment, et non lorsqu'elle est devenue dense par une longue conservation. Dans ce dernier cas, ajoutez davantage de solvant.

Les bouteilles ou flacons en verre contenant des liquides sont souvent brisés, même sous la pression d'objets mous, comme des vêtements, lorsqu'ils sont placés dans des malles. Il convient donc de les tremper ou de les enduire de cette solution, ce qui forme une poche qui contiendra le fluide ; c'est-à-dire, à moins qu'il ne soit d'une nature qui l'adoucisse. J'ai connu une bouteille d'huile pour cheveux emballée dans un précieux châle de cachemire, qui était presque ruiné par sa rupture, et qui aurait pu être facilement évité par cette simple précaution.

N'importe quel apothicaire préparera ces recettes.

Une imitation très curieuse et précieuse du tissu imperméable en caoutchouc indien est réalisée comme suit : La caséine est macérée avec de l'eau et avec du borax pour obtenir une solution. Le tissu est trempé dans ce mélange, et lorsqu'il est bien sec, il est de nouveau plongé dans une forte infusion de pommes de biliaire. C'est une sorte de bronzage.

Pour des informations exhaustives sur le caoutchouc indien , le technologue peut consulter *Kautschuk und Guttapercha* , de Raimund Hoffer, Leipzig, 1892, qui est, je crois, le dernier et le meilleur ouvrage sur cet important sujet.

REPARATION DE METAUX OU RÉPARATION AU MOYEN DE CE
CIMENT IGNIFUGE, AVEC LIANTS EN FER

Le travail du métal, particulièrement du fer, exige tant de forgeage et tant d'appareils qu'il dépasse dans une certaine mesure le raccommodeur ordinaire, qui doit dans la plupart des cas avoir recours au forgeron ou à l'artisan. Mais il reste encore beaucoup à faire pour l'amateur, et c'est ce que je vais décrire.

L'une des exigences les plus courantes lors de la réparation de malles et de nombreux autres objets est de faire en sorte qu'une sangle ou une bande de métal adhère soit à une surface, soit à elle-même. Ceci doit être effectué rapidement par *rivetage* . Si la bande de fer d'un tronc est brisée, vous ne pourrez pas la clouer à nouveau à sa place. Un clou ne tiendra pas dans le côté fin, éventuellement du carton. Pour apprendre à réparer dans un tel cas, prenez un morceau de fer à friser commun, posez-le sur un bloc de bois ou une planche, et avec un clou fin ou un poinçon et un marteau, faites-y un trou. Prenez ensuite un rivet ou n'importe quelle punaise à tête plate, insérez-le dans le trou, posez-le avec la tête de la punaise vers le bas sur du fer ou de la pierre si possible, puis donnez un coup sur la pointe, un peu de côté. Le résultat est que la pointe sera aplatie et le point d'amure fermement tenu. Le résultat sera le même si le rivet traverse deux pièces de métal épaisses. De cette manière, les deux extrémités d'un cerceau en fer destiné à une boîte sont fixées. Ainsi, si l'on prend un morceau de fer blanc ou de tôle, qu'on le met dans le coffre contre le côté, et qu'on fait tomber la bande cassée du côté extérieur, on peut, avec un peu de soin, le riveter. Il est conseillé, lorsque cela est fait, de coller un solide morceau de mousseline ou de cuir sur la boîte pour éviter qu'il ne coupe quoi que ce soit dans le tronc. Ces bandes rivetées sont *bien* meilleures pour entourer et retenir de nombreux paquets que les cordons. Ils conviennent mieux aux livres, car ils ne laissent pas de traces sur les bords, ne se dénouent pas et ne sont pas difficiles à attacher, ne nécessitant aucun nouage.

Les bandes rivetées, les coins ou les morceaux de tôle pliés sont plus généralement applicables aux meubles cassés qu'on ne le pense généralement. La plaque ainsi appliquée peut généralement être dissimulée soit en ciselant un emplacement, soit en la martelant dans le bois, puis en la cimentant et en la peignant.

Le fil est également très utile pour réparer de nombreux types de métaux ou de bois. Pour le gérer, nous avons besoin d'une paire de pinces coupantes ou de pinces, ainsi que de pinces à bec long et plates. Ainsi, pour attacher deux corps, par exemple les deux parties d'une crosse cassée, commencez par fixer une extrémité du fil en une seule pièce, et enroulez-le autour des deux, en le serrant le plus possible avec la pince plate. Une fois unie, fixez l'autre extrémité en l'enfonçant sous la *torsion* ou dans le bois. Celui-ci peut aussi être si adroitement traité que le fil, aplati avec une lime et martelé, peut être dissimulé sous de la peinture et du vernis. Au moyen de fils de fer passés dans des trous faits avec de longs poinçons ou de fines vrilles, les cadres peuvent être solidement réparés. Dans de nombreux cas, le fil doit être arrondi et les extrémités attachées ou enroulées ensemble ; dans d'autres, faites un double anneau à une extrémité du fil et clouez-le, puis passez le fil dans le trou et fixez l'autre extrémité de la même manière. De nombreux types d'outils cassés peuvent ainsi être réparés. Efforcez-vous d'obtenir un fil solide et *flexible* à ces fins.

Les boîtes contenant des marchandises seront doublement résistantes lorsqu'elles seront protégées par des bandes de fer clouées autour d'elles. Le cerceau de fer est généralement utilisé à cette fin.

La soudure est cependant le moyen le meilleur et le plus ordinaire de réparer toutes sortes d'ouvrages métalliques, et cela est bien loin d'être aussi difficile qu'on le suppose généralement ; en effet, une écrivaine sur le travail du métal va jusqu'à déclarer que c'est fascinant. Comme tout bricoleur et ferblantier sait « dégueuler » et donne volontiers des instructions pour une bagatelle (les enfants, en effet, observent souvent tout le processus avec admiration pour rien), et, enfin, comme il est très improbable qu'un lecteur de cet ouvrage devrait se trouver dans un endroit où ni les bricoleurs ni les ferblantiers ne se trouvent - car j'ai lu qu'un bricoleur bohémien a été découvert un jour en train de réparer une bouilloire assis à l'ombre de la Grande Muraille de Chine - il n'est guère nécessaire de décrire en détail les processus qui tout le monde peut le comprendre d'un seul coup d'œil. Le principe est le suivant : comme pour la cimentation du verre, la colle qui lie nécessite qu'on y mélange de la poudre de verre, afin qu'elle puisse établir une affinité plus rapide et plus étroite avec le verre ; ainsi, pour réunir deux surfaces métalliques, il faut avoir comme intermédiaire un flux ou une substance fusible. A cet effet, diverses substances, telles que la résine et le borax, sont employées avec la soudure, qui est un composé de métaux qui fond très facilement, adhère fermement aux autres métaux et durcit immédiatement. Il en existe de nombreuses variétés, adaptées aux différents métaux. Il est généralement vendu en petits bâtonnets pour être utilisé.

J'insiste sur le fait qu'il devrait y avoir quelqu'un dans chaque famille qui sache réparer, surtout en métal, car il n'y a pas de foyer où il n'y ait pas de dommages aux ustensiles en fer blanc et en fer, aux malles, aux ustensiles de cuisine et souvent même. de bijoux , qu'un jeune homme intelligent ou une jeune femme pourrait facilement restaurer. Une épingle est détachée d'une broche. Vous pourriez le réparer vous-même en cinq minutes, pour un demipenny ; mais non, il faut l'envoyer chez un bijoutier pour le raccommoder pour un shilling. Il en est de même pour les boucles d'oreilles, les chaînes, les bracelets, les fermoirs et les anneaux de fixation. Quand ils tremblent, vous les attachez avec du fil. Cela restera valable pour le présent, bien sûr ; puis vient une annonce dans le *Times* : « Perdu : récompense de vingt-cinq livres ! » Tout cela parce que vous n'avez jamais appris à réparer ou à souder.

Mais, comme il n'est jamais trop tard pour réparer, et que personne ne devrait être un réparateur que je ne peux pas, ou supplier les autres de faire pour lui ce qu'il peut faire pour lui-même, j'espère que la réflexion sur ce sujet incitera de nombreuses personnes à le faire. devenir des réparateurs pratiques. Si vous possédez une pièce de valeur, n'en retirez pas la moitié, comme le font la plupart des gens, en y perçant un trou. Réalisez une simple torsion et un œillet avec un bout de fil d'argent et soudez-le sur le bord . N'attachez pas une chaîne en or avec de la ficelle ; réparez-le correctement. Rivetez vos ciseaux cassés et lorsque les charnières sortent, revissez-les. S'il y avait vraiment quelque chose *de difficile* dans tout cela, je le dirais honnêtement, mais ce n'est pas le cas, et les gens qui ont reçu une certaine éducation apprennent à tout faire facilement en peu de temps.

Une recette pour un ciment permettant de fixer le métal à toute autre substance est préparée comme suit : -

Sable de silex purifié (ou poudre de verre) dix

Caséine ou caillé   8

Chaux éteinte   dix

Mélangez soigneusement et ajoutez de l'eau jusqu'à obtenir une consistance crémeuse.

Ce qui suit pour les métaux est également très fort : -

Solution de vessie d'esturgeon 100

Acide nitrique   1

L'acide est mélangé en même temps que le ciment, qui doit être le plus dense possible, et c'est avec ce mélange que l'on recouvre les surfaces du métal. « L'acide nitrique est destiné à rendre rugueuses les surfaces du métal, mais il présente l'inconvénient de gêner le séchage de la colle » (LEHNER). Ce séchage lent constitue cependant un grand avantage. La même chose se produit lorsqu'elle est mélangée à de la colle ordinaire, qui sèche généralement trop rapidement. Les ciments qui sèchent assez lentement sont ceux qui adhèrent le plus fermement et de manière permanente. L'acide durcit la masse en contractant le tissu cellulaire. Pour accélérer le séchage, il faut exposer à la chaleur les parties métalliques, qui doivent être très fortement comprimées entre elles.

Une méthode plus simple pour les articles métalliques légers consiste à mouiller les surfaces avec de l'acide nitrique pendant quelques minutes jusqu'à ce qu'elles deviennent rugueuses, puis à laver l'acide dans l'eau et à cimenter le métal avec du ciment pour vessie d'esturgeon.

Un ciment spécial pour le zinc est fabriqué en épaississant une colle dense très forte avec de la chaux éteinte en poudre, dans laquelle est malaxé un dixième de fleurs de soufre .

Un soi-disant ciment de bijoutier , qui tient fermement, est ce qu'on appelle le diamant, donné ailleurs ; aussi le suivant : -

Vessie d'esturgeon   100

Vernis gomme mastic   50

La vessie de l'esturgeon est dissoute dans le moins d'eau possible avec du vin fort (équivalent aux spiritueux ordinaires). Pour préparer le vernis mastic, mélangez du mastic finement en poudre avec de l'alcool de vin et de benzine le plus rectifié et utilisez le moins de liquide possible. Les deux mélanges doivent ensuite être frottés ensemble le plus intimement possible. Lorsqu'il est soigneusement fabriqué, ce ciment peut servir à tout : verre, porcelaine , etc.

CIMENT POUR ZINC , spécialement pour ornements et petits travaux : Dans dix parties en poids de silicate de soude (solution), mélangez deux parties de craie nettoyée et trois de zinc en poudre. Celui-ci est malaxé pendant un certain temps pour obtenir un mastic avec lequel les défauts, les aspérités , etc., peuvent être réparés. Au bout de vingt-quatre heures, poli à l'agate, ce ciment a tout l'aspect du zinc.

On peut observer que d'autres métaux en poudre fine peuvent remplacer le zinc, et qu'avec les poudres de bronze, les oxydes de métaux, et même avec toute la gamme des couleurs des peintres , on peut former des combinaisons d'application infinie dans les arts. D'après LEHNER le silicate de soude devrait être de 33°.

Un ciment particulièrement résistant et précieux, capable de nombreux usages dans le métal, le bois, le verre ou la porcelaine , ou pour fixer le verre sur le métal, est fabriqué comme suit : — Prenez la meilleure litharge purifiée, remuez-la avec de la glycérine jusqu'à ce qu'elle devienne une fine masse homogène. , qui en moins d'une heure deviendra une masse très dure, d'application presque universelle. Il n'est pas affecté par l'eau et résiste à l'action (selon LEHNER) de presque tous les acides, des alcalis les plus forts , ainsi que des huiles éthérisées et des vapeurs de chlore et d'alcool. Les surfaces qui doivent y être unies doivent au préalable être recouvertes de glycérine pure et épaisse .

Il viendra facilement à l'esprit du lecteur que dans ou dans cette recette, comme dans chaque recette donnée dans ce livre, des modifications, des altérations et des ajouts peuvent être apportés, d'une très grande valeur, adaptables à une grande variété de substances. Il convient d'observer que dans des cas comme celui-ci, où l'on ne peut être sûr du résultat exact, il est préférable, *par exemple* , d'abord d'expérimenter avec la glycérine un très petit oxyde de plomb pulvérisé le plus fin .

Une autre forme de ce puissant ciment métallique est donnée comme suit : -

Glycérine concentrée   ½ litre

Litharge   5   kilogs .

Pour faire un ciment pour remplir ou fermer les joints des travaux de zinc : tremper trois parties en poids de colle dans l'eau, vider l'eau superflue, dissoudre la colle dans de l'eau tiède, y incorporer six parties de chaux éteinte et une de fleurs. de soufre .

Lorsque des ferronneries, comme par exemple des barreaux de fenêtres, doivent être gravées dans la pierre, on recommande ce qui suit comme étant fermement ancré :

Gypse calciné   30

Fer finement pulvérisé dix

Vinaigre   20

Les recettes suivantes, bien que j'en ai trouvé beaucoup dans d'autres ouvrages, sont ici tirées, avec mention, de LEHNER , car ses proportions sont invariablement exactes, ou confirmées par l'expérience.

UN CIMENT DE FER qui résiste à la chaleur et à l'humidité :—

Argile   dix

Limaille de fer   5

Vinaigre   2

Eau   3

UN CIMENT IMPERMÉABLE TRÈS RÉSISTANT POUR LE FER :—

Limaille de fer   100

Sal-ammoniaque   2

Eau   dix

Dans quelques jours, cela commencera à se transformer en une rouille dure.

Un autre CIMENT OXYDÉ, qui tient comme le fer, se fabrique de la manière suivante :

Limaille de fer   65

Sal-ammoniaque   2 .5

Fleurs de soufre   1 .5

Acide sulfurique   1

L' acide sulfurique est dilué avec de l'eau et ajouté aux poudres mélangées.

UN CIMENT ANTIROUILLE OU OXYDE , résistant au feu :—

Limaille de fer commune   45

Argile   20

Argile de porcelaine la plus fine 15

Sel dans l'eau   8

L'argile fine peut être utilisée en l'absence d'argile à porcelaine la plus fine.

UN CIMENT DE FER pour résister à la chaleur :—

Limaille de fer   20

Argile en poudre   45

Borax   5

Sel   5

Peroxyde de manganèse dix

Le borax et le sel sont fondus dans l'eau puis rapidement mélangés avec le reste des ingrédients, qui forment une poudre combinée. À chaleur blanche, cela devient une substance vitreuse qui se ferme hermétiquement.

CIMENT DE FER pour résister à la chaleur intense :—

Peroxyde de manganèse 52

Oxyde de zinc blanc   25

Borax   5

Ceci est appliqué avec du silicate de soude. Il doit sécher progressivement.

CIMENT DE FER pour résister à la chaleur :—

Limaille de fer 100

Argile   50

Sel   dix

Sable à silex   20

CIMENT IGNIFUGE :—

Limaille de fer   140

Ciment hydraulique   20

Sable à silex   25

Sal-ammoniac   3

Cette poudre est transformée en pâte avec du vinaigre. Il doit sécher longtemps avant d'être soumis à la chaleur.

Un autre ciment du même genre est le suivant :—

Limaille de fer 180

Argile   45

Sel   8

Celui-ci est également composé de vinaigre et doit être séché longtemps.

POUR GRAVER LE FER DANS LA PIERRE :—

La limaille de fer, très bien dix

Gypse calciné   30

Sal-ammoniac   0 .5

Également combiné avec du vinaigre.

Lorsqu'il y a des défauts dans les fontes, on peut les combler avec le ciment suivant :

Limaille de fer propre 100

Fleurs de soufre   0 .5

Sal-ammoniac   0 .8

A mélanger avec de l'eau pour obtenir une pâte. Il ne fond pas et n'agit pas comme une pâte jusqu'à ce qu'il soit exposé à une grande chaleur. Avant de l'appliquer, laver les bords à unir avec de l'ammoniaque liquide. Le soufre ou le soufre font fondre le fer très rapidement lorsque celui-ci est chauffé au rouge, et appliqué dessus, le fer tombera comme de la cire à cacheter fondue.

UN CIMENT POUR POÊLES EN FER est fabriqué comme suit :—

Limaille de fer 100

Craie-marne   40

Sable à silex   50

Vinaigre   20

Ceci est transformé en une pâte qui peut être rendue poreuse en y mélangeant des poils, de la paille hachée, de la sciure ou de la balle. Lorsque ce dernier est transformé en charbon par la chaleur, le ciment est bien entendu plein de cavités. De la même manière, l'argile pour fontaines à eau est rendue légère et spongieuse en la mélangeant avec du sel. Le sel fond progressivement dans l'argile humide, formant une substance poreuse.

Lorsque des portes en fer doivent être hermétiquement fermées à des températures très élevées, les éléments suivants peuvent être utilisés :

Limaille de fer la plus fine 100

Sal-ammoniac   1

Calcaire   dix

Silicate de soude   dix

Lorsque les plaques de fer autour d'une cheminée cèdent, on peut utiliser ce qui suit :

Limaille de fer   20

Crasses de fer ou déchets 12

Gypse calciné   30

Sel commun   dix

Ce mélange peut être combiné soit avec du sang, soit avec du silicate de soude, de préférence avec ce dernier, car le premier a une odeur désagréable.

On laisse reposer la limaille de fer mélangée avec du vinaigre jusqu'à ce qu'elle devienne brune , puis on l'enfonce avec des bouchons et un marteau dans des cavités, où elle forme un ciment rouillé.

Pour les fissures dans les pots de fer , etc. :—

Limaille de fer dix

Argile   60

Ceci est mélangé avec de l'huile de lin pour obtenir une pâte. Il met plusieurs semaines à durcir, mais forme un ciment dur.

Un ciment noir pour la ferronnerie :—

Limaille de fer dix

Sable   12

Noir ivoire   dix

Chaux éteinte 12

Eau citronnée   5

CIMENT DE FER DE SCHWARTZ pour trous dans les pots, etc. :—

JE.

Colle finement pulvérisée   4-5

Poussière de fer la plus fine   2

Peroxyde de manganèse   1

Sel commun   ½

Borax   ½

À réduire en poudre extrêmement fine ou à lévier et à préparer avec de l'eau pour obtenir une pâte. Résiste au feu et à l'eau chaude.

II.

Peroxyde de manganèse pulvérisé 1

Oxyde de zinc blanc   1

A broyer finement et à combiner avec du silicate de soude.

Une partie importante de toute réparation de métaux est la soudure. Ceci est basé sur le principe que certains composés métalliques qui fusionnent à très basse température peuvent cependant être amenés à s'unir avec d'autres qui ont une affinité pour eux, par exemple en fondant pour unir les objets plus durs. Ainsi le bismuth, qui fond dans l'eau chaude, a de l'affinité pour le plomb, qui se combine facilement avec l'étain et le laiton, etc. ; comme, de la même manière, le borax et la résine avec du fer.

SOUDURE DE NEWTON (LEHNER):—

Bismuth 8

Étain   3

Plomb   5

Celui-ci fond à 94,5° Celsius.

JE.

Bismuth 2

Plomb   1

Étain   1

II.

Bismuth 5

Plomb   3

Étain   2

UNE SOUDURE MÉTAL-VERRE :—

Plomb   30

Étain   20

Bismuth 25

Le plomb est d'abord soigneusement fondu, puis l'étain est ajouté et le mélange fondu est soigneusement agité ; le bismuth est mis en dernier.

CIMENT POUR POÊLES EN FER :—

Cendres de bois dix

Argile   dix

Chaux calcinée   4

A mélanger avec de l'eau pour former une pâte ferme. Applicable également aux trous dans les arbres. L'argile mélangée à des vieux papiers est également applicable à cette dernière fin (LEHNER). (De la colle peut y être ajoutée.) Ce mélange d'argile et de papier doit être bien mélangé avec du lait aigre.

CIMENT CLAUS POUR MÉTAL ET VERRE : — 40 grammes d'amidon et 320 grammes de craie purifiée sont dissous dans 2 litres d'eau, dans lesquels est agitée ½ pinte de solution de soude caustique.

La partie la plus importante de la réparation d'une ferronnerie cassée est *la soudure*, et c'est si difficile à enseigner pratiquement par simple *écriture*, alors qu'elle peut être si facilement apprise auprès de n'importe quel ferblantier, ou même bricoleur, que je considère qu'il est raisonnablement préférable d'acquérir il de ce dernier. Ceux qui souhaitent l'étudier dans tous ses détails, scientifiques ou technologiques, peuvent le faire dans *Das Löthen und die Bearbeitung der Metalle*, d'Edmund Schlosser ; Vienne, A. Hartleben, prix 3s.

RÉPARATION DE MALLES DE TRAVAIL
EN CUIR, DE CHAUSSURES OU DE TOUTE AUTRE FORME - JOINTAGE DE SANGLES - FABRICATION DE CHAUSSURES BON MARCHÉ

Le travail du cuir, lorsqu'il est très usé, est rarement restauré et, sauf par quelques experts, il est généralement considéré comme incurable. C'est-à-dire que le travail du cuir n'est réparé que par la même méthode avec laquelle il a été fabriqué, c'est-à-dire par la couture, alors qu'en fait on perd beaucoup de choses qui pourraient être sauvées, et beaucoup de choses imparfaitement réparées qui pourraient paraître neuves. en recourant à une démarche plus scientifique. C'est pourquoi, après y avoir consacré beaucoup d'attention, je suis persuadé que les pires cas peuvent être réparés. En une semaine, j'achetais deux petits volumes in-folio magnifiquement reliés en cuir noir, gaufrés en profond relief, vers 1520, dans un style qui devenait alors désuet. Le motif avait été découpé dans un moule en bois , estampé sur le cuir humide, puis entièrement retravaillé à la main avec des traceurs et passe-partout ou estampé dans le sol. Mais la couleur noire du relief avait été usée et était devenue brune, et elle était par ailleurs délabrée sur les bords.

J'ai pris un volume et là où la surface était irrégulière, je l'ai humidifié, j'ai appliqué de la gomme arabique en solution et je l'ai lissé avec un brunisseur en agate. Le cuir ainsi traité devient vite comme une pâte. Quand tout fut égal, je l'ai repeint avec de l'encre de Chine liquide forte. De l'encre ordinaire aurait fait aussi l'affaire. Puis je l'ai verni légèrement avec l'admirable *vernis à retoucher* n° 3 de SOEHNÉE , qui est souple, conservateur et ne craque pas. J'ajouterai pour les dames que ça sent *l'eau de Cologne* . Cela sèche presque immédiatement. On peut se le procurer dans tous les magasins de matériel d'artiste. Finalement, je l'ai frotté quelques temps à la main. Ensuite, la reliure était comme neuve, mais pas trop neuve. Elle a simplement été parfaitement restaurée.

J'ai mentionné en introduction une autre œuvre que j'ai également restaurée. C'était une Madone en haut-relief, très délabrée ; c'est-à-dire qu'il était fait de cuir fin, qui avait été fabriqué à l'origine dans un moule , et qui était donc gonflé, pour ainsi dire, comme une croûte à tarte. Sur le moule avait été posée une couche de mousseline ou de coton ; celui-ci, une fois sec, avait été très finement recouvert de *gesso* ou de plâtre de Paris, et sur celui-ci, une fois sec, un mince cuir humide avait été pressé. Je peux noter ici que très souvent le *gesso* était ensuite noirci sans qu'aucun cuir soit appliqué, et que lorsqu'il était ainsi noirci, recouvert et verni, il ressemblait exactement à du cuir - un art facile, qui peut être pratiqué au profit de quiconque sait sculpter. ou acheter des moules .

En examinant cela, j'ai trouvé qu'il serait très difficile de le réparer avec du bon cuir. J'ai trouvé dans un magasin du faux cuir noir et fin, comme celui que les Japonais fabriquent apparemment à partir de poussière de cuir, obtenue en broyant toutes sortes de déchets de cuir en poudre. C'était une matière misérable et pourrie comme du cuir, mais d'autant mieux adaptée à mon objectif. J'en ai coupé une partie en petits morceaux et, avec un couteau, je l'ai rapidement écrasé, mélangé avec de la gomme arabique et de l'eau, pour obtenir une pâte très lisse. Avec une telle pâte, on peut réparer toute déchirure, rugosité ou imperfection, en prenant soin que la pâte et le cuir soient de même couleur . Avec cela j'ai comblé les creux à l'arrière, rendant l'ouvrage solide ; et après avoir mouillé tous les bords irréguliers et les endroits fracturés ou déchirés, je les lissais avec de la gomme et un stylo ou un coupe-papier, comblant les défauts avec la pâte noire. Quand tout était lisse et sec , j'ai appliqué une couche de vernis SOEHNÉE , puis j'ai bien frotté à la main. Elle a été entièrement restaurée.

Comme ce vernissage du cuir peut paraître une hérésie aux yeux des maroquiniers artistiques, je leur demanderais s'ils considéreraient une application de tanin en solution – qui est le principe conservateur du cuir lui-même – comme « inartistique ». Ce n'est certainement pas le cas, et l'application de SOEHNÉE (qui est plus un simple conservateur qu'un vernis) n'est pas non plus une simple finition pour le spectacle.

La pâte de cuir dont je parle possède certaines qualités qui la rendent tout à fait différente de toute autre substance. On peut inclure dans la « pâte » de cuir non seulement la simple poussière fabriquée à partir de la substance séchée, mais tous les chutes, ainsi que tout cuir fin, soigneusement ramolli ou macéré. Même sous cette dernière forme, il s'agit, combiné à un liant, d'une véritable substance plastique, puisqu'il peut être facilement transformé sous n'importe quelle forme. Mélangé avec du caoutchouc ou du caoutchouc indien en solution, puis séché, il est précieux pour réparer les bottes et fabriquer des semelles imperméables. Comme je l'ai indiqué, c'est excellent pour réparer les vieux livres. Et ici, je dois mentionner que si vous avez, disons, une couverture d'un livre en haut relief, et l'autre, il se peut, perdue ou usée, vous pouvez fournir ou fabriquer la copie très facilement, à très bon marché, et en peu de temps de la façon suivante : — Prenez une feuille de papier journal blanc et doux, humidifiez-la et pressez-la sur le relief. Dès que possible, en prenant soin de ne pas mouiller le livre, remplissez le dos du *livre* soit avec d'autres couches de papier humide, soit avec de la cire fondue, soit avec du plâtre liquide de Paris. Quand celui-ci est sec, cirez ou huilez soigneusement la face de la peau, essuyez-la et faites-en un moulage avec de la *pâte à cuir* . Ainsi vous disposerez d'un fac-similé du relief. A partir d'un moule en plâtre solide , bien huilé ou bouilli dans de la cire, on peut tirer un moulage en cuir ramolli ou mouillé, ce qui est encore mieux ; cela durcit dur et dur.

Je peux mentionner ici qu'il est très inhabituel de voir des livres reliés en profond relief avec des motifs anciens *travaillés à la main* , noirs ou noir et or, et qu'une telle couverture, disons de huit pouces sur dix, coûterait probablement au moins une somme d'argent. livre, et soyez bon marché en plus. Et pourtant, n'importe quelle fille de capacité ordinaire, disposant, disons, de cinquante shillings de moules et de deux semaines d'expérience en matière de traçage et de tamponnage, pourrait produire de deux à quatre couvertures de livres comme celles que j'ai devant moi en une journée.

On vend maintenant généralement dans les magasins d'ameublement ou en pharmacie une bonne colle imperméable. Le cuir ramolli puis bien incorporé est également imperméable et peut être utilisé pour réparer les malles. J'ai connu une botte déchirée qu'on réparait de cette manière, et cela si bien qu'elle durait longtemps. Même un bracelet en cuir soumis à de fortes tractions peut être restauré, s'il est coupé ou cassé en deux, en rasant les bords obliquement, de manière à les aiguiser.

Ensuite, appliquez de la colle avec de l'acide et, avant qu'elle ne soit complètement sèche, appliquez une pression, mais pas au point de faire sortir la colle. Le rasage des bords, le pressage judicieux et le lissage final sont de la plus haute importance dans tous les rapiéçages et rattachements du cuir, car il en dépend pour rendre la jonction imperceptible. Très peu de personnes, même les cordonniers, sont conscientes du degré de perfection auquel on peut atteindre la réparation des déchirures des couvre-pieds grâce à l'emploi de colle imperméable, telle qu'on en vend dans de nombreux pharmaciens. Je porte un tel patch depuis des mois et c'était à peine perceptible. Mais, comme tout art, il faut un peu de pratique pour appliquer correctement de tels patchs, et je ne peux promettre à aucune femme qu'elle pourra réparer parfaitement et proprement une botte en barbouillant simplement un morceau de cuir lors d'un premier essai.

On peut noter que dans un assemblage de sangles comme celui que j'ai décrit, la réparation sera grandement renforcée en collant des morceaux de cuir très fins, ou même de mousseline, sur les bords et en les pressant. va bientôt s'user, mais entre-temps le cuir réparé ne cesse de se renforcer et de s'unir plus parfaitement. Même le papier, collé et pressé, contribue matériellement à l'unité du joint exposé.

Et ici, je puis dire que beaucoup de femmes et de jeunes feraient bien de prendre quelques leçons pratiques de n'importe quel cordonnier dans le noble art du bricoleur ; c'est-à-dire du talon, de la semelle et du rapiéçage, qui sont tous aussi faciles à apprendre que les pas de danse, et sont encore plus intéressants ou amusants une fois maîtrisés. C'est d'ailleurs un art qui servira tout au long de la vie. Ceux qui peuvent le faire progresseront probablement, s'ils sont ambitieux de nature, vers la fabrication de pantoufles, il s'agira peut-être de chaussures ; et celui qui peut le faire peut être assuré qu'il n'aura jamais besoin de mourir de faim pendant que les êtres humains sont chaussés. Ce n'est pas si difficile que beaucoup le pensent , car j'ai connu des cordonniers d'esprit très ordinaire, et j'ai aussi connu un artiste mécanicien qui a appris à fabriquer une belle paire de chaussures en quelques semaines. En fait, ceux qui ont appris à se servir de leurs doigts peuvent gagner leur vie dans bien des choses.

Peu de gens connaissent l'extraordinaire durabilité de certains types de travail du cuir. Il y a au British Museum des sandales romaines, probablement faites de peau brute, mais taillées de jolies formes, qui ont été trouvées dans la Tamise et qui paraissent aussi neuves que si elles avaient été fabriquées récemment. J'ai vu en un jour, alors que j'écris, un pichet gracieusement formé du début du XVe siècle, en cuir noir très solide, comme les vieux blackjacks autrefois courants en Angleterre, qui a probablement traversé des siècles d'usage et est toujours aussi parfait. Le bois se fend, la faïence se brise et le métal rouille, mais la peau brute, ou *cuir bouilli* , comme le dit la vieille chanson du « Cuir Bottél », semble résister à toutes les épreuves. Comme l'a déclaré l'homme commémoré dans les « Fables d'Ésope », « Après tout, il n'y a rien de tel que le cuir ». Le lecteur qui pourrait être particulièrement intéressé par cet art le plus simple de tous les arts mineurs pourra consulter à ce sujet mon *Manuel du Travail du Cuir* (5s.) ; Whittaker & Co., 2 White Hart Street, Paternoster Square, Londres, CE

Les bandes de peau brute sont sans égal pour réparer les véhicules cassés, les roues, les selles et autres articles similaires, car elles rétrécissent en séchant, resserrant tout, et durcissent si fort une fois sèches que ce qui est réparé est souvent plus résistant qu'auparavant. J'ai mentionné ailleurs que les malles les plus solides du monde en sont fabriquées en Amérique, comme il se devait de l'être, car il n'y a aucun pays au monde où le « brise-bagages », au sens figuré ou littéral, est si important. craignait.

Le lecteur qui a l'occasion de réparer quoi que ce soit en cuir devrait étudier le chapitre de ce livre qui traite du caoutchouc indien et de la gutta-percha, les sujets étant à bien des égards les mêmes.

Un ciment solide pour le cuir est obtenu en combinant de la gutta-percha et *du Schwefelkohlenstoff* , ou bisulfure de carbone, avec du pétrole jusqu'à obtenir une consistance sirupeuse. Un très bon ciment spécialement adapté à l'assemblage des lanières de cuir est le suivant :

Asphalte   12

Résine   dix

Gutta-percha   40

Bisulfure de carbone 150

Pétrole   60

Les matériaux, à l'exception du *Schwefelkohlenstoff*, sont rassemblés dans une bouteille qui reste plusieurs heures dans l'eau chaude ; quand la masse s'est épaissie de pétrole, ajoutez le reste et laissez le tout reposer plusieurs jours en le secouant très souvent. Si les morceaux de cuir à assembler sont d'abord chauffés puis pressés très étroitement ensemble, l'adhérence sera augmentée. Ce ciment est aussi bien adapté pour le verre, la vaisselle, la corne, l'ivoire, le bois ou le métal que pour le cuir. Il est admirable pour raccommoder les malles, qu'elles soient en cuir, en bois ou en carton.

Lorsqu'un tronc est fait de l'un de ces éléments et qu'un trou est percé sur le côté ou sur le dessus, prenez un journal et enduisez-le de ce ciment, en appliquant un autre, jusqu'à ce qu'il y ait une douzaine d'épaisseurs ou plus. Si, au fur et à mesure qu'il sèche, on le presse et le durcit avec un rouleau, ou même avec une règle ronde, il sera bien amélioré. Collez-le dans ou sur la fracture. Dans la plupart des cas, avec soin, il peut être rendu aussi solide que jamais. Lorsqu'une côte est cassée, elle doit être rapidement remplacée. (*Vide* Metal-Work.) Tous les troncs doivent être recouverts de colle ou de vernis imperméable, car cela les protège efficacement de l'exposition à la pluie. Cependant, cela se fait très rarement, ce qui entraîne d'immenses pertes pour tous les voyageurs . Dans toute ville où il y a une pharmacie et où l'on peut se procurer un peu de caoutchouc , même chez la papeterie, on peut fabriquer immédiatement un ciment imperméable. Le plus simple à préparer est le suivant : -

Gutta-percha 100

Résine de pin 200

La résine est d'abord fondue dans une poêle, la gutta-percha, en très petits morceaux, étant progressivement incorporée jusqu'à ce que le tout soit amalgamé. Lorsqu'il est utilisé, il doit être réchauffé à nouveau. Ce ciment peut être utilisé pour autant d'articles différents que le précédent.

Il convient de noter ici que de grandes quantités de déchets de cuir provenant des cordonniers et des relieurs, qui se vendent pour une bagatelle, peuvent être utilisées pour fabriquer d'admirables tapis et revêtements muraux imperméables. Le cuir est d'abord trempé jusqu'à ce qu'il soit doux, puis lissé et mélangé avec du ciment imperméable, puis roulé en une seule pièce plate. Cela fait un sous-tapis très bon marché pour l'hiver, meilleur que la toile cirée, car plus doux. Pour les murs, il peut être pressé dans des moules , doré ou peint. S'il est verni, il n'y a aucune odeur désagréable. Plus il est compressé ou roulé, plus toutes les odeurs disparaîtront. Même en les roulant à la main avec un rouleau à pain, presque toutes les substances — par exemple le papier, les chiffons, la sciure de bois, le cuir, l'argile, la laine, le coton, lorsqu'elles sont combinées avec n'importe quel adhésif ou ciment approprié — peuvent devenir très dures ou très dures. difficile; et il est remarquable, compte tenu du bon marché des matériaux, combien ce principe est encore peu appliqué.

On peut remarquer que beaucoup de gens ne savent pas quoi faire lorsque la semelle d'une botte se brise ou s'use et qu'il n'y a pas de cordonnier à portée de main. Si le talon est perdu et qu'il n'est plus possible d'obtenir du cuir, un très bon substitut peut être découpé dans du bois et collé. Quelques punaises le feront durer presque aussi longtemps que du cuir. Si un morceau de cuir de semelle peut être obtenu, même à partir d'une autre vieille chaussure, une ou deux couches peuvent être collées dessus pour former une semelle. Une vis ou un clou court traversant les trois quarts du talon facilite grandement l'adhérence des couches. Cela peut également être fait avec un étau.

Dans la ville de Bagni di Lucca, où je me trouve actuellement, une paire de chaussures en cuir à semelles de bois, comme celles que portent couramment les femmes et les enfants, ne coûte que cinq pence. Ils sont bien sûr bruts, mais c'est quand même bien mieux que rien. La semelle est découpée grossièrement et très facilement , avec un talon haut, dans du bois de pin blanc ou de mélèze. La tige est constituée d'une seule pièce de cuir qui ne recouvre que la moitié avant du pied. Il est humidifié et plié, puis cloué ou collé. Beaucoup de gens achètent simplement les semelles, puis le cuir, et fabriquent eux-mêmes les chaussures, auquel cas la dépense ne dépasse pas deux pence . A Florence, on y ajoute souvent le talon, qui coûte deux pence de plus et fait une chaussure presque parfaite. Cet art vaudrait la peine d'être connu dans un pays sauvage.

LEHNER (*vidéo* Indiarubber et Gutta-percha) recommande spécialement pour réparer les semelles la composition de—Gutta-percha, 10 ; essence, 100 ; vernis à l'huile de lin, 100. Il est extrêmement élastique et résistant, et donc adapté aux semelles. Mélangé à de la teinture noire, ou fabriqué au Japon , il forme du cuir verni ou du cuir poli. Il doit pour cela être appliqué au pinceau large en *fines* couches successives, et bien séché avant d'en appliquer une nouvelle. C'est de loin supérieur au noircissement ordinaire ; il s'applique plus facilement et n'endommage pas tellement le cuir, parce que celui-ci est souvent fait avec du vitriol, qui, tout en donnant promptement un éclat, ronge la fibre . En fait, les bottes et les chaussures dureront beaucoup plus longtemps avec ce revêtement que sans lui.

Ceci est encore plus applicable à de nombreuses réparations de harnais, de selles et de brides, ainsi qu'à la restauration de feuilles de cuir sous toutes leurs formes ; comme, par exemple, les rideaux de wagons , lorsqu'ils sont portés et secs. Assouplir d'abord le cuir, puis lui redonner sa qualité, si nécessaire, avec du tanin ou du caoutchouc indien en solution. S'il est très sec et épuisé, il peut d'abord être traité avec de l'huile de pied de bœuf pendant plusieurs jours. Puis cousez-le, s'il s'agit d'une couture, ou réparez-le en appliquant du cuir et du ciment. Si tous ceux qui possèdent beaucoup de harnais étudiaient soigneusement ce sujet, ils seraient étonnés de constater quelle économie pourrait être réalisée par une réparation judicieuse.

Il peut arriver que le lecteur ait l'occasion de souhaiter renouveler une maroquinerie noire vernissée, ou de réaliser un motif noir brillant sur fond marron en cuir estampé. Je l'ai souvent exécuté avec succès. Dans un tel cas, il suffit simplement de noircir le cuir avec de l'encre ou de la teinture, puis de l'enduire de n'importe quel vernis souple ; c'est-à-dire celui dans lequel de la glycérine ou de la gutta-percha a été infusée. Quiconque sait dessiner peut ainsi exécuter de très beaux ouvrages pour recouvrir des murs, des panneaux, des coffres ou des portes. Un vernis noir flexible peut également être appliqué directement.

LEHNER donne une recette pour attacher le cuir au métal, qui peut également être appliquée à toute autre substance : — Recouvrez le cuir d'une fine couche de colle très chaude, appuyez-la sur le métal, puis mouillez l'autre face avec une solution forte. de pommes de galle ou de tanin (*Lohe* , extrait d'écorce de chêne) jusqu'à ce qu'il soit complètement pénétré. Le tanin se combine avec la colle, et fixe le cuir avec une extrême ténacité au métal, etc. Il est conseillé de rendre rugueuse la surface métallique pour faciliter l'adhésion.

En combinant la colle (et bien d'autres adhésifs) directement avec l'astringent tanin ou noix de galle on obtient *un ciment imperméable* d'une grande résistance, très utile pour les chaussures. Il n'est en effet pas du tout difficile, là où d'autres appareils manquent, de fabriquer avec du cuir, sans couture, une chaussure à semelle, lorsqu'on peut obtenir du tanin et de la colle. La même chose peut être faite avec de la toile.

Pendant les grandes guerres américaines, des milliers de soldats allaient souvent pieds nus en hiver, avec une abondance de chevaux ou de bétail tués tout autour d'eux, parce qu'ils ne savaient pas qu'on pouvait fabriquer un mocassin solide en découpant un morceau de peau brute, en le perçant. on y fait des trous et on l'enroule comme un sac autour des chevilles, comme on le fait si couramment ici dans les régions montagneuses d'Italie. J'ai un jour étonné un soldat pendant la guerre en suggérant cela, et il a déclaré qu'il devait l'essayer. Il est remarquable de constater combien rarement un homme inculte *invente* quoi que ce soit, que ce soit un mythe, un conte ou une invention pratique.

Si le cuir supérieur d'une pantoufle ou d'une chaussure est découpé, s'il est mouillé, il peut facilement prendre la forme d'un pied en le séchant sur une forme, ou même sur une autre chaussure. Laissez la couture du dos dépasser ou rabattre sur le bord et laissez la lisière complète pour que le reste se retourne sous la semelle. Cette dernière peut être en semelle de cuir. S'il n'y en a pas, collez deux ou trois morceaux de cuir ensemble avec la ciment tannique et roulez-les fortement. Collez ensuite le dos et le sous-couche avec beaucoup de soin. Avec un peu de pratique, on peut ainsi fabriquer une assez bonne chaussure. La toile peut être utilisée de la même manière. Pour les habitants de la nature, cela peut être une information précieuse. Mais de très jolies pantoufles ornementales peuvent être confectionnées par des jeunes filles avec des chutes de cuir aux couleurs gaies . Ils peuvent acheter une paire de semelles et se procurer le cuir chez un maroquinier . Tout cela consiste simplement à remplacer la couture par du collage, et une colle à base de tanin fort tient *aussi* bien qu'une grande partie de la couture de chaussures bon marché fabriquées à la machine. Il ne serait en effet pas très difficile ni très coûteux de chausser ou de vêtir confortablement toute l'humanité, sans les modes suivies par les riches.

Ces chaussures très bon marché, fabriquées avec des semelles en bois ou en cuir, et si facilement qu'un enfant peut apprendre à les fabriquer en une heure, peuvent être facilement ornées de manière à être vraiment attrayantes. Prenez le cuir, humidifiez-le avec une éponge, puis avec un traceur, qui est comme le bout d'un tournevis, c'est-à-dire *dessinez* un motif dans le cuir doux et humide. Une fois sec, le motif restera. Puis avec une pointe ou un tampon, pointez ou dépolissez le sol. Enfin, une fois sec, peignez le motif en noir, puis vernissez-le. N'importe qui ayant le moins de connaissances en dessin peut fabriquer et vendre de telles chaussures ornées avec un bon profit, car elles sont encore à peine connues de personne. D'autres couleurs peuvent remplacer le noir ou appliquer de la dorure.

J'ai montré dans un autre endroit (*vide* Papier-Mâché) comment un bon cuir artificiel peut être fabriqué en combinant du papier - le meilleur en pâte - avec du caoutchouc indien et une solution fluide de benzole . Et comment on peut fabriquer des semelles en y trempant du carton, et comment celles-ci, qui se fabriquent très facilement et à moindre coût, peuvent être collées sur le cuir, de manière à protéger celui-ci de l'usure, à jamais , s'il est renouvelé. Une bouteille de ce ciment, combinée avec du ciment diamant ou turc, réparera de la même manière les bottes lorsque la semelle commence à se fendre ou à se séparer ; et si on l'applique lorsqu'il commence à ouvrir, il restera fermé pendant longtemps. C'est une méthode tellement pratique, bon marché et facile de faire durer des bottes et des chaussures, que je m'étonne que tout homme qui marche chaussé, et surtout tout voyageur , n'en ait pas une bouteille sur lui. Observez que les deux bords soient bien pincés ou vissés ensemble (un étau à six sous suffira), et que le cuir soit d'abord chauffé, bien que tout cela ne soit pas une *sine quâ non* , mais seulement un perfectionnement.

Le cuir ainsi fixé par un ciment très résistant est tout aussi résistant et bien plus agréable à porter que les « orteils en cuivre » ou les talons en fer, qui assimilent ceux qui les portent à des chevaux. Et il ne faut pas plus de temps pour fabriquer et fixer ainsi un talon ou une semelle que pour noircir une paire de bottes, comme je l'ai moi-même vérifié en quelques heures.

Là où les coutures *se déchirent* , la meilleure réparation est de coudre comme font les cordonniers, ce qui n'est pas difficile à apprendre, et je conseille à tous les jeunes de l'apprendre. Mais là où on ne peut recourir à la couture, le ciment, bien appliqué et comprimé jusqu'à ce qu'il soit sec, résistera longtemps à presque toutes les cassures.

J'exhorte les femmes de toutes classes et conditions à examiner attentivement ce chapitre. Ils sont plus habitués que les hommes à réparer et s'y prennent avec plus d'intelligence. Comme leurs *chaussures* sont faites d'un cuir plus fin que les nôtres, elles nécessitent des réparations plus fréquentes, mais sont en revanche d'autant plus faciles à réparer. Chaque mère de famille gagnera au moins à étudier ce livre.

La pâte de cordonnier, très utilisée pour les chaussures, appartient proprement au travail du cuir. Il est préparé en faisant bouillir de l'orge broyée jusqu'à obtenir un désordre épais, l'eau étant maintenue extrêmement chaude. Il est ensuite mis de côté jusqu'au début de la fermentation, qui se signale par une odeur extrêmement nauséabonde. De là, il passe à un stade dans lequel il constitue une masse sirupeuse brunâtre, possédant un grand pouvoir adhésif. Il est maintenant retiré du feu et un peu d'acide carbolique est ajouté pour arrêter la fermentation. Celui-ci peut être utilisé seul pour un adhésif ; il se combine aussi bien avec des substances *indifférentes* , telles que la chaux en poudre, ou la craie, le zinc blanc, l'ocre, l'argile ou l'ombre d'ombre. Il peut également être utilisé pour relier des livres.

J'ai déjà donné une très bonne recette pour réunir des lanières de cuir cassées. J'en ajoute ici un autre de LEHNER . C'est très bien, mais cela ne vaut guère les ennuis et les dépenses supplémentaires très considérables par rapport au premier :

Colle à doreur   250

Vessie d'esturgeon   60

La gomme arabique   60

Réduire en morceaux et faire bouillir dans l'eau jusqu'à obtenir une solution à laquelle ajouter :

Térébenthine de Venise   5

Huile de térébenthine   6

Spiritueux de vin   dix

Les extrémités des sangles, ou morceaux de cuir, ayant été soigneusement nettoyés, sont maintenant recouverts de colle et pressés ensemble entre des plaques chauffantes, où l'ouvrage doit rester jusqu'à froid.

Un très bon cuir artificiel, parfaitement imperméable, peut être obtenu en recouvrant une bande de papier fort, ou, mieux encore, une bande de mousseline glacée, avec du ciment gutta-percha. Ajoutez à cela de nouvelles couches de ciment et de papier jusqu'à obtenir l'épaisseur requise. Ceci est utile pour réparer les semelles. Là où le ciment de gutta-percha ou de caoutchouc indien n'est pas disponible, remplacez-le par du vernis copal et de la glycérine , ou du vernis à la térébenthine épais et un peu de glycérine .

POUR RÉPARER DES CHAPEAUX, COUVERTURES ET TISSUS SIMILAIRES PAR FEUTRAGE

La laine, comme on le sait, si elle est mise dans une paire de chaussures, se tassera ou se déposera sur une semelle en feutre solide si les chaussures sont portées. Ce feutre est comme du tissu. La même chose peut être faite en la roulant comme de la pâte sur une planche avec un rouleau. Posez le tissu ou le chapeau à raccommoder de manière à pouvoir y incorporer le feutre à confectionner. Ensuite, prenez de la laine fine, nettoyez-la et roulez-la soigneusement en la travaillant sur les bords. Il peut arriver bien des fois à un homme sans aiguille de réussir à raccommoder des vêtements de cette manière.

Une colle ou un adhésif imperméable, tel que celui décrit en détail dans le chapitre sur Indiarubber , peut être ajouté pour faciliter l'adhésion du feutre au tissu ou au support en feutre. Il existe un art ou un talent particulier pour travailler le feutre humidifié sur les bords du tissu et pour les repasser ou les presser de manière à ne pas les montrer, qui peut cependant être rapidement acquis. De cette manière, le tissu peut être collé sur le tissu avec un très bon effet. L'extraordinaire ténacité et la finesse des colles aujourd'hui fabriquées, même si elles sont spécialement observées, rendent aujourd'hui parfaitement possibles de telles réparations (qui étaient impossibles il y a une génération). Je conseille à ceux qui en doutent de se procurer un morceau de tissu et d'expérimenter par eux-mêmes. Le patch n'est peut-être pas invisible, mais il sera plus beau que s'il était bâclé avec une aiguille. Le feutre, cependant, peut facilement être réparé à la perfection.

De gros morceaux d'étoffe peuvent être fabriqués en roulant de la laine légèrement gommée, ce que beaucoup d'hommes ignorent, même lorsqu'ils vivent dans la nature, où la laine ou les cheveux peuvent être abondants. Rien n'est plus commun que de voir des bergers en lambeaux, là où les lambeaux de laine laissés par leurs moutons sur les épines les habilleraient, avec un peu d'industrie. La qualité, la durabilité et la finesse du feutre dépendent de la qualité de la laine ainsi que du soin et des compétences de l'opérateur. La plupart des tissus bon marché connus sous le nom de mauvaise qualité sont en réalité des feutres.

Le feutre se forme facilement, car dans certaines conditions il semble avoir une étrange tendance à se former tout seul. Le lecteur sait qu'une ficelle dans la poche, soumise à chacun de nos mouvements, va inévitablement s'emmêler et se nouer de la manière la plus mystérieuse ; et ainsi les fibres de laine, si on les frotte ensemble, s'entrelacent et se lient dans l'union la plus intime. Je conseille sincèrement à tous ceux qui s'attendent à vivre là où les moutons abondent et où les tailleurs ou les couturières sont rares, d'expérimenter la fabrication du feutre et, si possible, d'apprendre auprès d'un chapelier comment cela se fait. Il y avait autrefois à New York une usine où l'on fabriquait des costumes solides et utilisables en feutre, et ceux-ci, composés d'un manteau, d'un gilet et d'un pantalon, étaient vendus au détail pour cinq dollars, ou une livre - je les ai moi-même vus. .

Lorsqu'un morceau de tissu est ainsi ajusté ou appliqué pour combler un trou ou réparer une déchirure, les bords peuvent être soit simplement gommés et ajustés, soit traités avec un mélange de feutre ou de poussière de tissu et de gomme. Dans ce cas, avant que la colle ne soit *assez* dure, mais après qu'elle ait cessé d'être molle, posez sur la pièce un morceau de tissu exactement de la même espèce et appuyez dessus avec un fer plat chaud. (*Vide* Raccommodage invisible des vêtements, dentelles ou broderies.)

Dans la plupart des cas, un vêtement en laine déchiré peut être très bien restauré en cousant soigneusement un morceau dans le trou ou en unissant les bords avec de longs points. Faites ensuite une pâte de feutre ou de poussière, ou de fils courts et fins du même tissu, avec du ciment de caoutchouc indien , et travaillez-la sur la surface. Avec de la pratique, cela peut être fait avec une telle précision qu'il est possible de dissimuler complètement la réparation. Passez un fer à repasser sur l'ensemble. Lorsqu'il n'est pas possible d'obtenir du ciment en caoutchouc indien , on peut utiliser de la colle mélangée à un quart de glycérine .

L'ammoniac combiné à la laine forme un solvant qui est aussi un ciment. Je ne l'ai pas expérimenté.

RÉPARATION INVISIBLE DE VÊTEMENTS, LACETS OU BRODERIES

La plupart des gens savent qu'il existe des tailleurs ou d'autres qui sont de tels artistes en matière de raccommodage qu'ils peuvent recoudre une déchirure « dans presque n'importe quoi » si adroitement que la déchirure ne peut pas être perçue. J'ai moi-même vu cela si admirablement réalisé dans un fin tissu noir que non seulement il n'y avait aucun signe de déchirure perceptible, mais aucun signe de déchirure n'était visible après un long port du vêtement. Cette subtilité est en partie due à l'habileté, mais elle contient aussi une méthode. En Italie, les juives font particulièrement preuve de ce type de raccommodage lorsqu'elles réparent de vieilles dentelles, broderies et autres objets de valeur. Comme une très grande proportion de ceux qui achètent et vendent ces marchandises sont des Juifs, il est tout à fait naturel que leurs femmes et leurs amies soient spécialement employées au raccommodage. Le processus qu'ils emploient est le suivant : -

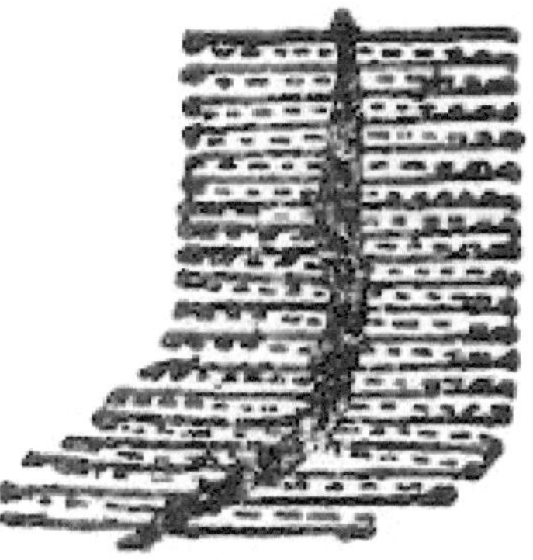

« Enfilez une aiguille avec un de vos propres cheveux, puis rapprochez ainsi le bord de la déchirure ou de la déchirure, en le reprisant pour ainsi dire très finement et avec soin, car c'est en cela que consiste tout l'art.

«Après cela, prenez un morceau de tissu aussi proche que possible de l'étoffe que vous souhaitez réparer. Posez cette pièce sur la déchirure de manière à la recouvrir, puis humidifiez-la légèrement et appuyez-la avec un fer chaud jusqu'à ce que la surface paraisse bien plane.

On peut observer ici que, premièrement, plus le fil utilisé *est fin*, de manière à ce qu'il soit seulement assez solide pour tenir, moins il y a de chances que la réparation se manifeste. A cet effet, pour un raccommodage extrêmement délicat, un cheveu humain est presque invisible ; pour la plupart des travaux, le fil de soie répondra. Il est cependant plus susceptible de couper par le bord qu'un cheveu, car le cheveu est plus élastique.

Deuxièmement, on peut observer que ce qu'on appelle le raccommodage est en réalité une sorte de tissage invisible, et non une couture ensemble ou une couture rapprochée de bords, lesquels derniers, comme ils se plissent ou se relèvent toujours, doivent montrer la ligne de réparation. Le reprisage a sa force d'attache à distance, et non près des bords ; cela forme pour ainsi dire une sorte de réseau ou de tissage du tissu, c'est-à-dire que le tissu est à nouveau tissé en une seule pièce par un fil invisible qui se cache dans le tissu plus épais. Déposer un tissu ayant *exactement la même texture* que celui réparé, puis le repasser, est très ingénieux, car un tissu d'une espèce différente produirait une impression différente.

L'amie de qui j'ai reçu ce qui précède, Miss ROMA LISTER , ajoute que les juives font très bien ce genre de travaux, mais demandent un franc ou vingt-cinq sous pour raccommoder le moindre loyer. Cependant, une fois le châle déchiré terminé, vous ne pouvez pas voir où se trouve le trou.

A cela s'ajoute quelque peu la patiente méthode allemande consistant à raccommoder les bas en les retricotant ; aussi celui d'étaler de la colle souple forte sur une parcelle de chamois. Celui-ci est posé sous la rente, les bords étant soigneusement réunis par-dessus. Je suggérerais ici que si la déchirure était d'abord soigneusement reprisée, même avec des cheveux humains ou de la soie la plus fine, et que le cuir gommé était ensuite appliqué sur l'envers, la réparation durerait beaucoup plus longtemps.

Il existe un point connu en Allemagne sous le nom de *Kettenstich* , ou point de chaînette, bien que ce ne soit *pas* celui que l'on appelle généralement chez nous le « point de chaînette allemand ». Il est particulièrement long et solide et maintient ensemble les bords du cuir, même souple, c'est pourquoi il est généralement utilisé en Turquie et en Russie pour coudre ensemble les pièces de cuir multicolores telles que celles que l'on voit dans le travail de Kasan : pantoufles et bottes. — et des coussins de Constantinople. Il s'agit d'un point précieux pour des réparations serrées et invisibles. Il est allié au point noué de la machine à coudre.

Une grande variété de tissus peuvent être soigneusement ajustés et assemblés sur un morceau de mousseline solide et glacée (de la même couleur) recouvert de colle imperméable - *par exemple* , du caoutchouc indien ou de la colle et du ciment de caoutchouc - afin que la réparation ne soit pas apparente. Ce procédé est très applicable aux jupes amples , ou à tout vêtement sur lequel il n'y a pas de traction aussi importante, comme par *exemple* les pantalons ou les manches de manteau. Pour effectuer parfaitement ces réparations ainsi que toutes les autres, il sera nécessaire d'expérimenter plusieurs fois. Malheureusement, presque tous les amateurs, sans exception, ne font aucune expérience jusqu'à ce qu'il soit nécessaire de réparer quelque chose, puis, parce qu'ils la bâclent très naturellement, trouvent à redire à la recette. Pourtant, aussi étrange que cela puisse paraître, il existe de nombreux cas dans lesquels le raccommodage ou la confection de tissus peuvent être exécutés bien plus proprement avec un ciment très résistant, comme celui du mastic et de la vessie d'esturgeon, qu'avec une aiguille et du fil, le premier nécessitant en réalité moins de temps. marge à tenir supérieure à la largeur moyenne d'une couture, car le moindre chevauchement possible suffit à lier là où l'adhésif est fort. Ce processus de réparation est peu connu, probablement parce qu'on a jusqu'ici très peu de connaissances générales sur l'immense résistance et la ténacité de certains ciments, qui n'ont d'ailleurs été découverts que récemment. Pour tout raccommodage ordinaire, en effet, collez avec de la glycérine , ou de la colle et du caoutchouc indien solution dans le benzole , répondra aussi bien que le ciment Turc ou Diamant, beaucoup plus cher.

Si le lecteur veut seulement réfléchir au fait qu'une grande proportion de toutes les soies noires et brillantes sont fortement gommées, parfois jusqu'à leur propre poids, il comprendra qu'il ne peut y avoir de substance avec laquelle elles puissent être plus convenablement réparées qu'avec du ciment - un fait bien connu de beaucoup de ceux qui emploient des timbres-poste ou du plâtre noir pour soigner leurs loyers ; mais comme cela coûte généralement très cher, et que n'importe quelle vieille soie et colle ou gélatine ou dextrine répondent tout aussi bien, il vaut mieux considérer cette dernière.

Il y a beaucoup de tissages des étoffes les plus exquises, faits en Orient et même chez les sauvages, presque entièrement à la main ; c'est-à-dire que les fils sont simplement attachés à une tige, tandis que la trame est travaillée avec une aiguille. La plupart des tissus peuvent être réparés par un processus analogue, qui consiste à refaire le tissu. Beaucoup dépend de la bonne finition ou de l'habillage de la surface en posant dessus un morceau de tissu et en le repassant.

RÉPARER LA NACRE ET LE CORAIL

La nacre est la coquille de l'huître perlière (*Avigula margaritifera*), très admirée pour sa belle texture et sa couleur blanche , dans laquelle il y a une irisation particulière ou un jeu de couleurs arc-en-ciel . La meilleure, et de beaucoup la part principale du commerce, vient des îles du Pacifique. Sa valeur a énormément augmenté ces dernières années. Les Indes orientales, des îles Sulu, de Ceylan et d'Aden, ou du golfe Persique, lui sont presque égales, sinon tout à fait. Une espèce inférieure vient de la Méditerranée orientale, une autre également d'Amérique.

La glaçure irisée, accompagnée de plus ou moins de substance mère ou solide, se retrouve dans un très grand nombre de coquilles ; *par exemple* , l'oreille de Pierre (*Hayotis iris*) du Pacifique ; également dans les moules communes, en particulier l' *Unio* , que l'on trouve dans la plupart des cours d'eau ou ruisseaux clairs d'Europe et d'Amérique, où il n'y a pas beaucoup de chaux. Celles-ci donnent souvent des perles de grande valeur.

La nacre peut être sciée sans grande difficulté en plaques qui sont polies au sable fin puis au tripoli . Récemment, de nombreux petits meubles incrustés de carrés et de triangles de ce matériau ont trouvé leur chemin depuis la Turquie et la Perse jusqu'à Londres. Ces pièces sont simplement fixées avec du ciment à base de vessie d'esturgeon, du mastic, du salmiac , voire de la colle. On peut généralement les obtenir auprès des marchands de produits orientaux. ABRAHAM SASSOON , de Wardour Street, les fournira en n'importe quelle quantité.

LOUIS EDGAR ANDÉS et SIGMUND LEHNER , tous deux technologues expérimentaux, ont donné plusieurs curieuses recettes pour imiter la nacre. Après limage ou broyage, la meilleure coquille de nacre devient comme un métal blanc, qui peut être combiné avec du blanc d'œuf ou de la gélatine blanche pure pour obtenir une fine substance semblable à du marbre, qui manque cependant d'irisation. Brisé en très petits morceaux, qui sont mis dans un lit de colle et de glycérine , puis recouverts, une fois secs, d'une autre couche de la même chose, nous avons ce que son inventeur, LEHNER , nous assure être une très bonne imitation de perle. coquille.

Mais on trouve sur une variété de coquilles une couche de *nacre* , ou glaçure colorée , qui, une fois pulvérisée, conserve encore son éclat nacré . Cela peut être prélevé même sur l'huître américaine commune ou sur toutes les moules. Selon ANDÉS , qui fait référence, je pense, à cela, il peut être posé sur n'importe quelle substance et recouvert d'une gomme-glaçage. Il nous apprend aussi que les couches intérieures perlées des coquilles d'huîtres ou de toute autre espèce, réduites en poudre et mélangées à de la vessie et de l'alcool d'esturgeon, peintes sur papier gris en plusieurs couches, présentent l'apparence de la *nacre* . J'ai vu des spécimens de telles peintures qui étaient effectivement très jolis, mais l'irisation nacrée était plutôt faible. D'après l'auteur, l'éclat nacré est considérablement accru par l'ajout de poudre de bronze argenté.

J'en conclus, n'ayant pas expérimenté personnellement dans ce cas, sauf en sculptant des perles, que les poudres grossières de *nacres* verdâtres et autres très colorées de coquillages tropicaux, ainsi que de moules européennes et de quelques autres coquillages, peuvent être combinées avec du liant. -des gommes de nature transparente de manière à former une imitation de nacre très admirable.

Je puis ici remarquer, à ce propos, que la palourde d'Amérique (*Venus mercernaria*) a une coquille blanche d'une dureté intense, qui, une fois polie, est aussi belle que la porcelaine ou l'ivoire ; aussi que la tache violette dans la coquille d'huître américaine, à partir de laquelle les Indiens fabriquaient une perle très dure et très belle, pourrait facilement être percée pour faire des boutons.

Une très belle imitation de nacre est réalisée au Japon. Il n'est cependant pas irisé. On dit qu'il est préparé avec du riz. Je suppose qu'il s'agit de riz traité avec de l'acide dilué.

J'ai maintenant devant moi un collier de 400 perles d'imitation *de corail rouge* , prix deux pence , telles qu'on en vend communément partout. Ils sont fabriqués à partir de poudre de vermillon, de farine de riz et de gomme et, lorsqu'ils sont fabriqués avec soin, ils sont extrêmement durs et durables, à tel point que la composition peut être utilisée pour réparer des articles cassés en corail rouge. De tels objets fracturés sont très courants dans les boutiques de curiosités, mais l'art de les réparer semble encore inconnu, bien qu'il soit extrêmement rentable.

À propos du corail, LEHNER nous dit que le celluloïd, combiné à différentes substances, *par exemple* le zinc blanc ou le cinabre, peut être coloré du rose délicat au vermillon ardent et forme une imitation très proche du corail. On peut faire une très bonne imitation, et beaucoup moins chère, en préparant une pâte à papier parfaitement blanche (*vide* Papier-Mâché), et en la combinant avec du vermillon, du zinc, etc. À partir de ce corail artificiel, on peut facilement fabriquer de très belles coupes, assiettes et ornements a incruster, des perles, des pendentifs pour bijoux , des couvertures de livres, etc. La couleur peut varier jusqu'au turquoise, à l'émeraude, à l'ébène, à l'ivoire, etc., en changeant simplement les poudres colorantes utilisées.

Il existe une imitation très bon marché et courante du corail, faite en trempant des vermicelles, des brindilles, etc., dans une solution de cire à cacheter rouge dans de l'alcool de vin. Ceci est cependant extrêmement fragile. On dit que de la poussière de marbre blanc, ou du sable de silex blanc très fin, combiné avec du vermillon et du silicate de soude, produit une imitation très admirable du corail. La base de sable lévigé, ou carbonate de chaux, avec du silicate, peut être variée avec les colorants pour imiter n'importe quelle pierre précieuse, et est d'une valeur inestimable pour réparer la poterie ou la pierre.

Le corail et plusieurs autres substances sont également imités en combinant environ neuf parties de colle très claire à une partie de glycérine . Celui-ci est complété par un équivalent de zinc blanc ou de colorants. Ainsi la base de colle est combinée avec du colcothar, de l'ocre-sépia, de la terre d'ombre, de l'ocre ou du chrome. C'est aussi un ciment précieux pour réparer une grande variété d'objets.

Toutes les fines coquilles blanches réduites en poudre peuvent être combinées avec de la gomme et un très peu de glycérine et de vermillon pour fabriquer du corail artificiel ; aussi de la colle blanche ou de la gélatine avec de la glycérine . Cela peut être réalisé en grande quantité pour des moulages de toutes sortes d'objets, tels que des plaques en marqueterie.

RESTAURATION ET RÉPARATION DE PHOTOS

« La restauration des œuvres d'art défigurées et pourries vient au deuxième rang en termes d'importance après leur production. »—Champ, Chromatographie.

J'ai publié en 1864 un ouvrage intitulé *The Egyptien Sketch Book* , qui commençait par le récit abrégé suivant sur la façon dont les peintures à l'huile sont nettoyées :

PAGE américain a prouvé, qu'en épluchant soigneusement les tableaux de certains grands artistes, couche par couche, on peut apprendre tous leurs secrets de couleur . Ainsi, ayant obtenu un Titien incontestable, représentant la Sainte Vierge, ils le posèrent sur une table et procédèrent à l'enlèvement du vernis extérieur par friction avec les doigts ; ce vernis s'éleva très vite dans un nuage de poussière blanche et agissait à peu près comme une pluie de tabac à priser eût fait.

« Puis ils arrivèrent aux « couleurs nues », qui avaient pris à cette époque une forme très grossière, en raison du fait qu'une certaine quantité de teinture de liqueur, comme celle de rhubarbe de dinde, ou *de teinture. rhabarbaru* , s'était incorporé au vernis, et à qui les couleurs devaient leur chaleur dorée.

«Cela les a amenés au *vitrage proprement dit* , qui avait été privé des preuves de l'âge ou de l'antiquité par la suppression des *patines* , ou petites coupelles, qui s'étaient formées dans la toile entre la toile et la trame.

« Le processus suivant consistait à retirer le *glaçage* de la robe safran, composée de laque jaune et de terre de Sienne brûlée. Cela les a amenés à une couleur de flamme dans laquelle le *modelage* avait été réalisé. Ils attaquèrent ensuite la robe de la Vierge Marie, et après avoir emporté le lac cramoisi, ils furent étonnés d'en trouver un terne verdâtre. Lorsqu'ils eurent ainsi à leur tour enlevé toutes les couleurs du tableau, disséquant chaque partie avec un soin diligent, détachant chaque vernis avec des solvants trop nombreux pour être mentionnés - y compris l'alcool et diverses adaptations d'alcali - ils eurent la satisfaction ineffable de voir le *dessin* dans un état parfait . de clair-obscur brut et vierge. Aveuglés par l'enthousiasme, après avoir soigneusement noté tout ce qu'ils avaient fait, ils volaient sur le blanc et le noir avec de la pierre ponce et de la potasse ; quand, et voilà ! quelque chose de très rubicond est apparu, qui, selon des fouilles ultérieures, était la pointe du nez rouge du roi George IV ! Le Titien pour lequel ils avaient tant sacrifié était un faux dieu.

Les extraits qui précèdent ont été dictés par feu HENRY MERRITT , restaurateur et artiste très distingué, auteur de *Pictures and Art séparés dans les Works of the Old Masters* , et d'autres ouvrages dont je peux vraiment dire que le nom MERRITT indique que *nomen est un présage* . J'étais souvent à ses côtés lorsqu'il travaillait et j'ai eu le plaisir de constater les procédés employés et les progrès qu'il faisait pour mettre en lumière les « beautés enfouies » des tableaux des grands artistes. Ce que j'ai appris depuis en plus se retrouvera dans les pages suivantes.

Bien qu'il soit simple et facile de décrire la manière dont les tableaux anciens en général sont restaurés, il faut garder à l'esprit que, en ce qui concerne une description détaillée et complète, la tâche serait la plus difficile de toute la gamme des réparations ; car lorsqu'un tableau a tellement souffert qu'il est absolument nécessaire de le repeindre, alors seul le talent de l'artiste original lui-même pourra jamais lui rendre pleinement justice. Dans de nombreux cas, nous avons des images, comme des œuvres en bois délabrées, tellement disparues qu'il ne reste qu'une simple allusion ou une esquisse de l'original, de sorte qu'elles sont généralement considérées comme ne valant pas la peine d'être conservées. Dans de tels cas, le restaurateur ou le réparateur peut très bien faire de son mieux. Il y a, et il y aura toujours, un champ immense pour tout réparateur habile dans cette reconstitution d'antiquités, avec un grand profit, car il y a une quantité illimitée de matériaux, presque partout, avec quoi travailler.

Pour être un restaurateur de tableaux parfaitement accompli, il faut être un expert en chimie, et non seulement très au courant de tous les styles et écoles d'art, doué d'une grande connaissance de la technique *des* grands artistes, mais aussi non médiocre peintre soi-même. Il existe une croyance populaire très générale, mais très vulgaire et stupide, selon laquelle la restauration et le nettoyage de vieux tableaux sont un art purement mécanique, à peu près comparable à la peinture en bâtiment, en ce qui concerne l'habileté ou l'intelligence ; mais je le nie sincèrement, ayant constaté, depuis que je l'ai pratiqué moi-même, qu'il offre un large champ d'ingéniosité, et que les plus grands artistes vivants, peu importe qui ils sont, peuvent trouver dans la restauration des tâches qui mettraient pleinement à rude épreuve tous les artistes. leur compétence, leurs connaissances ou leur génie.

Avant de procéder au nettoyage ou à la réparation d'un tableau, il est souvent conseillé à l'artiste d'en faire une esquisse avec beaucoup de soin, afin de le corriger et de le guider dans les détails. Pour ce faire, prenez du papier calque très transparent — la recette de fabrication est donnée ailleurs — puis avec un crayon-crayon doux, ou un crayon-mine très noir (de 3 à 4 B), tracez le tout. Si le papier n'est pas assez transparent, utilisez du verre fin ou, ce qui est bien mieux, des feuilles de mica, collées sur les bords, qui ne se briseront pas même en cas de chute. Tracez l'image dessus avec un pinceau fin et de l'huile noire , ou n'importe quelle peinture noire qui tiendra. Faites ensuite un calque à partir de ceci sur du papier transparent. Pour transférer un dessin au crayon ou à la mine de plomb sur du bois ou du papier, humidifiez très légèrement la surface de ce dernier, posez le calque dessus face vers le bas et frottez le dos de ce dernier avec un brunissoir ou un coupe-papier ivoire. Il sera ainsi parfaitement transféré. Cette réalisation de croquis ou de copies préparatoires s'avérera dans de nombreux cas extrêmement utile, car elle entraînera soigneusement l'œil au travail à effectuer.

Ce n'est pas *toujours* vrai, même si une grande autorité en matière de nettoyage d'images (HENRY MOGFORD) a déclaré le contraire : « les images… jouissent incontestablement de leur plus haute perfection dès le premier moment de leur production ». Beaucoup d'artistes reconnaissent la vérité qu'il faut une année, voire des années, pour donner à certains tableaux un certain ton délicat, qui est comme la maturité des fruits ; et il en est de même pour certains artistes, mais pas au même degré pour tous. Mais nombreux sont ceux qui peuvent associer les tons doux de l'âge ou le gris vénérable de l'antiquité à rien d'autre qu'à la saleté, à la décadence et à la pauvreté ; comme ce fut le cas d'un marquis italien qui, ayant entendu dire qu'un artiste distingué [4] avait copié un vieux mur moussu ou un fragment de ruine sur son domaine, envoya à ce dernier ses excuses en lui disant que s'il avait su qu'un tel personne distinguée avait l'intention de le copier, il l'aurait fait nettoyer et badigeonner à la chaux, non pas en blanc éclatant (il savait mieux que cela, disait-il), mais en bleu clair ! J'ai donc connu un gentleman américain affligé de découvrir l'apparition de lichens sur un coin d'une « villa toute neuve, toute neuve », dont il déclara aussitôt qu'elle devait être entièrement nettoyée et repeinte. Les gens qui souffrent de cette vulgaire manie du récurage excessif ont tendance à imaginer que lorsqu'ils détectent le moindre signe de vieillissement dans une image, cela suggère de la saleté et de la négligence, et ils s'empressent de l'envoyer chez le nettoyeur ; à moins qu'en effet (comme c'est trop souvent le cas), ils – avec des connaissances insuffisantes et avec « des notions généralement dérivées de conjectures et suggérées par les dispositions habituelles pour prendre soin des autres objets domestiques » – tentent de restaurer eux-mêmes l'œuvre. , qui a causé la ruine de milliers de grandes œuvres d'art.

On peut remarquer ici que les tableaux modernes, en raison des processus de fabrication précipités et de l'utilisation de matériaux bon marché dans les peintures fabriquées par des machines, changent si rapidement que nombre d'entre eux perdent la moitié de leur valeur en cinquante ans. Et comme si cela ne suffisait pas, nous avons les acides sulfuriques générés par les feux de charbon (surtout celui de l'anthracite en Amérique, qui ronge même le calcaire des cheminées), ainsi que les effets délétères des gaz, des vapeurs des aliments. et, enfin, le manque d'air et de lumière dans les pièces toujours fermées et ombragées.

En fait, les causes qui conduisent à la détérioration des images sont presque aussi nombreuses que celles qui produisent des maladies chez l'homme, et dans de nombreux cas, elles se révèlent être les mêmes. Ce sont, comme je l'ai dit, l'air vicié ou la malaria, ou le manque d'air frais, l'humidité, la fumée des bougies dans les églises, l'exposition trop prolongée au soleil, les exhalaisons de charbon, de soufre, les éviers , etc. « enfin, toutes les odeurs pénétrantes sont nuisibles à la peinture, surtout si elle est neuve. » En raison de cette prévalence de fumée de gaz et de charbon dans les maisons, alliée à la mauvaise qualité des peintures, car elles sont maintenant fabriquées à bas prix par des machines, il est en effet considéré comme douteux que l'un des tableaux peints sous le règne de la reine Victoria existera dans " "à moitié visible" dans cinquante ou cent ans. Il y a, à leur égard, un grand avenir pour le restaurateur. Il suffit de regarder la plupart des images antérieures de Turner pour vérifier pleinement ce qui est affirmé ici.

Le visage de toutes les vieilles peintures longtemps intactes se trouvera toujours recouvert plus ou moins de ce qui n'est que de la saleté ; c'est-à-dire de la poussière plus ou moins dissoute par l'humidité. Aujourd'hui, la poussière est simplement constituée de toutes sortes de substances, même d'organismes animaux invisibles et disparus en grand nombre. La première étape consiste simplement à laver cette saleté avec de l'eau distillée ou de pluie et du fiel de bœuf. Utilisez une éponge très douce et propre et passez-la plusieurs fois sur l'image. La dernière fois, enveloppez l'éponge dans un mouchoir en lin ou en mousseline blanc et propre pour voir si la surface est bien propre. Ceci et rien de plus produira souvent une amélioration étonnante.

La prochaine tâche sera d'enlever le vernis. L'eau *chaude* attaque n'importe quel vernis, le réduisant en poudre sèche ; mais, comme le remarque M. GOUPIL , c'est *très hasardeux* , ou très risqué, car cela peut aussi attaquer et dissoudre dans les couleurs tout ce qui ressemble à de la gomme ou de la colle . M. GOUPIL autorise cependant l'emploi de l'eau froide pour le nettoyage jusqu'au simple abus, ce qui est en contradiction avec HENRY MOGFORD , dont je considère l'ouvrage de loin comme le meilleur que je connaisse au sujet du nettoyage et de la restauration. photos que j'ai lu. [5] A ce sujet il dit :

••••••••••••••••••••

"Pendant toutes les opérations de revêtement, et de nettoyage des tableaux en général, la saturation en eau a des effets désastreux, et son emploi doit donc se limiter à l'application au moyen d'un morceau d'éponge pressé, ou, ce qui est mieux, d'un morceau de cuir chamois, trempé et essoré. L'eau est l'ennemi le plus dangereux des images ; il pénètre jusqu'à l'apprêt ou au sol, les détache en favorisant la décomposition de l'ensimage avec lequel ils sont travaillés, et jette ainsi les bases de leur éventuelle désintégration et pourriture. L'humidité imbibée provoquera tôt ou tard la destruction de toute matière tissée, et tandis que notre expérience quotidienne montre ses effets lamentables sur les murs de nos habitations, il sera bon que nous nous souvenions qu'elle n'est pas moins destructrice pour la toile de nos tableaux. , et aux matériaux qui constituent son apprêt.

«Tous les tableaux des premiers maîtres de l'école italienne, ainsi que ceux de Claude et William Vandervelde, peints à la craie et sur supports absorbants, courent le plus grand danger s'ils sont lavés à l'eau. Il pénètre par les petites crevasses qui peuvent exister dans la peinture et détruit souvent totalement le tableau. Si le tableau est sur toile, comme ceux des deux derniers maîtres, il se brise en mille petites lignes ou fissures ; et si sur panneau, comme les tableaux de Raffaelle , d'Andrea del Sarto ou de Fra Bartolomeo, il brise la peinture en l'écaillant en petits points de la taille d'une tête d'épingle. Si le tableau, encore une fois, est de l'école espagnole et est peint sur des fonds absorbants rouges et sur une toile rugueuse, l'eau brise non seulement l'unité de sa surface, mais aussi parce que la toile est d'une texture plus grossière que les tableaux de Claude. ou William Vandervelde, il pénètre souvent dans une plus grande proportion et écaille fréquemment des morceaux aussi gros qu'un six pence, surtout dans les ombres sombres, ou là où le sol n'a pas été suffisamment protégé par un *empâtement épais* (couche ou fond épais) de couleur . En tout temps et sur tous les tableaux, l'eau est plus ou moins dangereuse, à moins d'être utilisée avec la plus grande prudence, et alors elle ne doit être appliquée qu'au moyen d'un morceau de cuir de daim épais, bien essoré et laissé juste assez humide pour glisser légèrement dessus. la surface de l'image. Chez certains maîtres, comme chez ceux que nous avons spécialisés plus haut, le libre usage de l'eau peut être considéré comme le proche de la destruction absolue ; et plus le temps est chaud et sec, plus l'opération est active et ruineuse. Il y a eu des cas où un Andrea del Sarto, un Claude et un William Vandervelde ont été détruits en quelques minutes par l'utilisation imprudente d'une simple eau.

J'ai donné cette citation dans son intégralité, parce que l'eau est généralement la première chose à laquelle les ignorants ont librement recours pour obtenir des images pures. Ainsi, j'ai entendu dire que des tableaux très précieux étaient effectivement donnés aux serviteurs communs ou à la blanchisseuse pour qu'ils les nettoient, ce qui était effectué avec du savon, de l'eau chaude et du sable, ce qui conduisait à la ruine rapide de l'ouvrage. Il n'est d'ailleurs pas étonnant que cela se fasse, quand on retrouve chez GOUPIL que, s'il admet que l'eau froide « s'infiltre partiellement jusqu'aux fissures d'un tableau et fait grand mal », il déclare que « l'eau *chaude* agit différemment », donnant l'impression qu'elle peut être utilisée très librement, et déclarant que « l'eau froide et propre dissout sans danger les graisses et les saletés résultant de la poussière déposée par l'air ». C'est vrai, mais il ne semble pas, comme M.

MOGFORD , avoir pleinement compris l'autre côté de la question. (*Manuel Général et Complet de la Peinture à l'Huile* , par F. GOUPIL .)

Pour nettoyer d'abord les impuretés d'une surface, MOGFORD recommande d'appliquer *le fiel de bœuf avec une brosse douce.* Celui-ci peut être obtenu en shillings ou en bouteilles de six penny auprès de Winsor & Newton, ou de tout autre revendeur de matériel d'artiste. « C'est, ajoute-t-il, un excellent détergent, qu'on peut appliquer librement et sans crainte. Il faut cependant qu'il soit bien lavé (*c'est-à-dire* essuyé) « avec de l'eau pure, sinon il laissera sur la surface une moiteur qui pourrait empêcher le vernis, appliqué ensuite, de sécher. » Mais il faut bien faire la distinction entre *laver* à l'eau et la laisser *pénétrer* dans une image et simplement essuyer la surface avec une peau de chamois ou une peau de daim humide ou un *vieux* mouchoir en lin doux. En fait, c'est la première chose à faire avant de nettoyer légèrement la surface avec le fiel de bœuf dilué. Il est bien nécessaire que le nettoyeur expérimenté connaisse exactement la nature des vernis, afin de savoir sur quoi il doit travailler. Ainsi, d'après le tableau, il peut employer « de la liqueur de potasse , de l'huile de tartre, de l'eau-de-vie de vin, de l'alcool pur, de la liqueur d'ammoniæ fortis, du naphta, de l'éther, de la soude et de l'huile d'épi ou de lavande. La nomenclature même de ces agents puissants montrera immédiatement le grand risque qu'ils soient employés de manière imprudente ou imprudente.

Il faut faire très attention à ne pas laisser une quantité excessive ou inégale de liquide de nettoyage s'accumuler au même endroit. Par conséquent, tous les tableaux doivent être posés à plat lors de la restauration, car les courants d'eau, par exemple l'ammoniac, couperaient la surface de manière très irrégulière. Pour les tableaux de quelque valeur que ce soit, le procédé de nettoyage est toujours très délicat, exigeant beaucoup de pratique et une connaissance très parfaite de tous les principes de l'art.

Là où les vernis sont tendres et minces, comme le mastic, MOGFORD conseille l'emploi de l'alcool de vin ; mais pour être sûr qu'il ne puisse en résulter aucun mal, il est désirable que « l'eau-de-vie, qui se vend ordinairement à 58° de titre, soit diluée par un quart d'eau, ou par la même proportion d'eau-de-vie rectifiée de de térébenthine, ou elle peut être utilisée avec l'addition d'un sixième partie d'huile de lin, ajoutée à l'alcool dilué ou pur. Dans tous les cas, le mélange doit être « bien secoué avant d'être pris » ou appliqué. Il convient de veiller à ce que l'huile ne ramollisse pas la peinture, ce qui est souvent le cas. En règle générale , il est préférable de commencer par les parties les plus claires ou les plus brillantes d'une image, comme par exemple le visage d'un portrait, car ces parties sont toujours les plus dures. Commencez par essuyer la surface avec du coton blanc et de la térébenthine, observez si du vernis se détache dessus, et dès que vous le voyez, changez la partie du caoutchouc utilisée, sinon vous continuerez simplement à ramasser la « saleté » d'un endroit . et le frotter dans un autre. Ceci est expliqué ailleurs à propos du chiffon de nettoyage ou de l'encre absorbante, qu'il faut continuellement soustraire et non rajouter au sol.

"La térébenthine est un agent neutralisant qui arrête instantanément l'action de l'esprit solvant." Lorsque tout le vernis aura ainsi été enlevé, le tout pourra être essuyé avec de l'essence de térébenthine, puis reverni à sec, s'il n'en faut pas plus.

Les frottements avec les doigts, avec les poudres, ou toute sorte de nettoyage à sec doivent être évités, ou bien pratiqués avec beaucoup de précaution, car ils produisent un effet connu sous le nom de *laineux* , qui commencera à se manifester très nettement après un certain temps. Mais quand un tableau n'a pas eu de vernis, on ne peut le nettoyer que mécaniquement, par exemple en utilisant du tripoli , de la pierre ponce ou du merlan. Cette méthode nécessite une grande habileté. Parfois, un grattoir ou un couteau très fin est utilisé pour diluer le vernis avant d'utiliser de la térébenthine.

"Les solvants", ajoute Mogford, "sont uniquement nécessaires pour enlever *le vernis* ". Il est préférable de nettoyer les images non vernies en les essuyant soigneusement avec une peau de chamois ou de chamois, humide et non *mouillée* , à l'aide d'un peu de merlan en poudre.

Le vernis, lorsqu'il n'est pas sur une image, peut cependant être enlevé en le frottant avec les doigts, la paume ou le cuir, à l'aide de résine en poudre ou de colophane. Dans certains buts, pour rendre le panneau d'un piano complètement séché à la chaleur et, pour ainsi dire, l'émailler, une couche de vernis est appliquée, et une fois sèche, elle est frottée avec de la poudre de pierre ponce ou de la résine, et ce procédé est répété plusieurs fois.

Si les tableaux sont peints à l'huile, directement sur la toile, sans fond, la peinture coule entre les fils et repose en fine couche dessus. Ainsi , s'il y a un frottement sur la surface, le grain de la toile devient très apparent. Si la peinture à l'huile est appliquée directement sur un panneau de bois, les parties molles situées entre les fibres dures , les lignes ou les grains rétrécissent, entraînant la peinture avec elles. Les artistes anciens évitaient cela en posant sur un fond fort du gesso ou du plâtre de Paris mélangé à de la colle ou du blanc d'oeuf.

La grande tâche du nettoyage consiste à enlever les repeintures ou les couches de peinture ajoutées par les restaurateurs. J'ai vu cela réalisé avec une habileté extraordinaire par feu M. MERRITT , qui avait été recommandé par RUSKIN et qui fut le premier et le plus véritable restaurateur artistique de son temps. Je me souviens qu'il avait nettoyé le plus beau Carpoccio que j'aie jamais vu et un magnifique Velasquez, tous deux repeints maintes fois et dans un état si misérable que même le peintre de ce dernier s'était trompé. Ils avaient à peu près la même relation lorsqu'ils n'étaient pas touchés et après, qu'un vieux chiffon sale doit être un magnifique châle en cachemire. « La soude caustique, la lessive de savon, la liqueur de potasse , l'alcool pur et le grattoir, remarque MOGFORD , sont les moyens ordinaires pour enlever les repeints ; ce sont tous des appareils dangereux s'ils ne sont pas étroitement surveillés et utilisés sans violence ni imprudence.

Il est conseillé d'examiner attentivement le dos des vieilles images à la recherche de signatures, de dates ou de documents, qui sont tous parfois recouverts d'un autre papier ou d'une autre toile. Un jour, à Florence, je trouvai dans une petite boutique un portrait de Charles Ier, mais différent à bien des égards de tous ceux que j'avais jamais vus. J'ai dit au propriétaire que c'était de Vandyke, mais il a insisté sur le fait que c'était d'un Italien avec un nom tel que Guillermo ou Gillonio , jusqu'à ce que j'ai proposé que nous examinions le dos, où nous avons trouvé, après quelques recherches, le nom. de Vandyke. A cette découverte, le marchand augmenta aussitôt le prix du tableau de cent à mille francs, et il était en effet assez bon marché. Une dame à qui j'ai raconté l'événement m'a dit : « Oh, pourquoi n'avez-vous pas acheté le tableau avant d'en parler à l'homme qui l'a peint ? Ce à quoi j'ai répondu : « Pour la même raison que je n'ai pas volé une bague de valeur dans l'étui du magasin alors qu'il lui tournait le dos. » On parle beaucoup de l'astuce des antiquaires, mais il m'est souvent arrivé de leur expliquer que les objets en leur possession valaient bien plus qu'ils ne l'imaginaient ; tandis que, d'un autre côté, ils supposeront qu'une chose *peut* valoir beaucoup, exigera une somme effrayante pour quelque chose qui ne vaut que *cinque cento* ; *par exemple* , mille francs pour ce qui est vraiment cher à dix heures. Je mentionne cela afin que le lecteur puisse se rendre compte (ce que peu de gens réalisent) quelles bonnes affaires peuvent être faites par quiconque connaît un peu l'art, et en particulier l'humble art de nettoyer, de réparer ou de restaurer, qui nous fait entrer dans un monde de secrets même dans le grand art, et qui est plus utile à un acheteur de tableaux que toute la culture esthétique de haut vol dans toutes les œuvres de tous les rhapsodes de l'époque.

Les remarques précédentes sur *le nettoyage* ont été tirées principalement du manuel de H. MOGFORD et de mes propres expériences. J'y ajoute celles de M. GOUPIL sur le même sujet. Le leader intelligent n'aura aucune difficulté à rassembler et à tirer ses propres conclusions de ces deux éléments :

« Lorsque l'image est effectivement dans l'huile, on peut utiliser de la vapeur pour enlever le vernis. Le risque est cependant grand de détacher le tableau de son support.

Mais lorsqu'un tableau a été, au lieu d'être verni, *glacé* au blanc d'œuf, nous avons une couche qui, une fois vieille, ne peut être dissoute par l'eau ni par les acides ; pour cela, d'autres détergents ou nettoyants spécialement élaborés sont utilisés. Il existe peu de substances qui durcissent avec le temps avec autant de persistance que le blanc d'œuf, comme le fait également le jaune lorsqu'il est bouilli.

Le vernis ordinaire, une fois sec et ancien, peut être enlevé par grattage mécanique ou par frottement avec des poudres fines et sèches, comme celle de la résine. La poussière du vernis lui-même facilite l'opération. Ce processus est lent et fastidieux, mais il est très souvent conseillé de commencer par celui-ci, après le lavage, car il n'abîme pas les couleurs . Il va sans dire qu'il faut beaucoup de compétence, de soin et d'expérience pour ne pas « altérer la couleur ».

On peut remarquer à ce sujet que dans tous les cas où il y a une divergence d'opinion entre l'artiste français et l'artiste anglais, comme dans l'usage de l'eau, il faut se rappeler que tous deux ont, ou peuvent avoir, raison en ce qui concerne certains types d'images. Les méthodes des peintres sont si variées qu'il me semble de loin plus sage de décrire différentes méthodes que de tenter l'impossible tâche de donner des règles infaillibles.

«Le vernis peut être enlevé au moyen d' *alcool* . Pour ce faire, posez le tableau sur une table et mouillez en une petite partie avec de l'alcool de vin. Après une minute ou plus, lavez l'endroit avec de l'eau propre et une éponge. Ainsi, petit à petit, nettoyez toute la surface en prenant soin de ne pas abîmer la peinture. Lorsqu'elle est bien sèche, appliquez un nouveau vernis.

expérimentés , qui savent par leur examen et leur connaissance des méthodes employées par les peintres sur quoi ils peuvent s'aventurer, utilisent souvent des détergents qui ruineraient le tableau s'ils étaient appliqués par une personne sans expérience. Ce sont des sels alcalins, tels que les cendres de bois ou de lessive, les cendres de perles et de poterie, ou les sels de tartre, qui tous, à l'exception de ces derniers, sont extrêmement dangereux pour un débutant. Les sels de tartre peuvent être employés en toute sécurité, si l'on commence par une solution faible, qui peut se renforcer graduellement.

Des cendres de bois, *très* finement tamisées, sont étalées sur la face du tableau et délicatement, ou soigneusement et légèrement, frottées avec une éponge douce. Celui-ci doit être soigneusement lavé dès que la surface est nettoyée.

À défaut d'autres détergents, le borax dissous dans l'eau peut être employé. Cela fonctionne lentement mais sûrement ; mais, comme le remarque M. GOUPIL, ce *lessif*, comme la cendre de bois, ne doit pas rester longtemps sur les couleurs , mais être promptement essuyé avec une éponge. L'eau de chaux servira aussi bien que la solution de borax.

Des savons de différentes qualités sont également utilisés pour le nettoyage, selon l'état du tableau. On peut encore remarquer ici qu'aucune règle exacte ne peut être donnée concernant un art spécialement fondé sur l'habileté et l'expérience. Le débutant devrait d'abord s'essayer à quelques vieilles images courantes.

Le savon transformé en mousse ou en mousse avec de l'eau nettoiera généralement une surface, aussi sombre qu'elle soit à cause de la fumée. Laissez la mousse se déposer complètement, puis essuyez-la avec une éponge humide.

Les huiles essentielles, notamment de térébenthine, ou celles de nard, de lavande et de romarin, soit de deux parties d'alcool de vin, soit d'une partie de térébenthine, etc., sont communément utilisées pour nettoyer les tableaux.

Les tableaux non vernis nécessitent beaucoup de soin et d'habileté pour le nettoyage. On emploie pour cela *de la levure mélangée à de l'eau, ou de la farine mélangée à de l'eau de chaux ;* également des spiritueux de vin ou de vinaigre. L'ammoniac est également utilisé. GOUPIL mentionne qu'un des moyens les plus dangereux pour cet usage est l'ancienne urine, et qu'il ne faut jamais l'employer.

Lorsque la toile d'un tableau est très vieille et pourrie, elle peut être remplacée par un procédé exigeant la plus grande finesse. Si seules certaines portions sont blessées, il suffira de coller des morceaux de toile fine au dos.

Pour transférer complètement le tableau, collez sur sa surface deux couches de papier doux. Posez-le sur le visage et retirez délicatement l'ancien support en toile. Ceci est effectué en mouillant chaque fil jusqu'à ce qu'il soit mou, puis en le retirant. Un morceau de pierre ponce et une pince à épiler sont également utilisés. Lorsque toutes les fibres sont retirées, collez soigneusement une toile et appliquez-la en la pressant bien sur l'envers de la peinture. Avant qu'elle ne soit bien sèche, repassez l'image avec un fer plat tiède, pas trop chaud. Retirez ensuite le papier délicatement à l'aide d'une éponge humide et en le déchirant.

Pour transférer une image sur du bois, le dos est scié en de nombreux petits triangles ou carrés, soigneusement ciselés un par un. Ensuite, avec des limes et des grattoirs, approchez la peinture jusqu'à ce qu'il ne reste qu'une fine pellicule de bois . Le dernier reste est mouillé avec une éponge et ramassé ou gratté. Tout d'abord, utilisez du papier sur le visage et restaurez comme avant.

Il y a un grand ennemi des images de moisissure , qui ont des quasi-équivalents dans le moût, la pourriture sèche, *le mucor* ou *le robigo* . Il est divisé par Goupil en ramollissement apparent et ramollissement réel ou mildiou. Le premier est du mildiou ou une simple moisissure superficielle ; *c'est-à-dire* une végétation légère qui se rassemble à la surface à partir des germes présents dans l'air. Il peut facilement être essuyé et est causé par l'humidité. Parfois, en s'enracinant longtemps, il détruit le vernis qu'il faut remplacer. Il y a aussi une moisissure proprement dite pourrie, ou une destruction radicale du tissu, pour laquelle il n'existe en fait aucun remède, sauf en renouvelant la toile et en retouchant le tableau.

Lorsqu'un tableau est peint par vitrage, en particulier lorsque le vernis remplace le corps, il est susceptible de se fissurer ou de se filer comme une toile d'araignée. Avec le temps, ces divisions disparaîtront en flocons. De la cire dissoute dans de la térébenthine est utilisée pour les légères fissures. Le tartre doit être traité en ramollissant soigneusement avec de l'huile et en appuyant avec un fer chaud. La surface doit, avant le repassage, être recouverte de papier craie.

Il arrive quelquefois qu'un tableau ait été repeint, et j'ai vu dans ce cas un restaurateur très distingué réussir à enlever la couche extérieure. Cela nécessite une grande connaissance des propriétés chimiques de la peinture ; aussi des solvants, et les différentes méthodes de grattage, d'absorption, etc. Pourtant, cela peut s'apprendre avec patience. Des résultats extraordinaires ont ainsi été obtenus. Il est souvent arrivé que des hommes ayant peu ou pas de connaissances en peinture se croyaient capables de « réparer » des tableaux de grande valeur et les étalaient ainsi jusqu'à la ruine totale.

Avant de tenter de retoucher une vieille photo, laissez le restaurateur en faire une copie. S'il parvient à le faire très bien , il est qualifié pour son travail, et pas autrement. La confrérie des nettoyeurs et des raccommodeurs d'images peut protester contre cela ; mais la grande quantité, je puis dire la grande proportion, c'est-à-dire la majorité, des bons tableaux gâtés par de mauvaises retouches confirme la vérité de mon affirmation.

Il convient de remarquer à ce propos que très peu d'amateurs, d'esthètes ou de soi-disant « connaisseurs » apprécient la valeur de la simple *technique* ou du travail pratique en art. Ils « pullulent vers l'idéal », et c'est tout. Les grands maîtres étaient plus sages que cela. Il serait très utile que des prix très généreux et à grande échelle soient payés chaque année pour des copies de superbes tableaux. Et j'aurais des récompenses données spécialement pour des tableaux peints avec des couleurs préparées par les artistes eux-mêmes à partir de matériaux chimiquement purs et inaltérables, selon les anciennes recettes. J'aimerais voir une société formée d'artistes qui produiraient de telles œuvres. Il trouverait certainement des acheteurs, avec le temps.

On trouve dans la plupart des boutiques de curiosités d'Italie des tableaux sur panneaux du XIVe siècle, antérieurs ou postérieurs, à fond or, qu'on peut se procurer à tous les prix, à partir de très peu de francs. Ils sont sans nom et sans grande valeur artistique, mais très curieux et très intéressants en tant que reliques antiques peintes « avant l'huile » et inspirées de l'esprit du Moyen Âge. Ceux-ci nécessitent généralement une restauration. Ils étaient peints sur bois de toutes sortes, très souvent à prix cassé. La surface était recouverte d'une fine couche de gesso ou plâtre de Paris, mélangée avec du blanc d'œuf, sur laquelle étaient appliquées la dorure et la peinture. Cette dernière était au blanc d'œuf et au jus de figue, ou encaustique, c'est-à-dire à la cire et au blanc d'œuf, qui est la méthode la plus ancienne et la plus durable connue ; à tel point que longtemps après que toutes les peintures à l'huile jamais exécutées (si elles sont laissées à elles-mêmes) auront disparu, les anciennes peintures égyptiennes, romaines ou médiévales seront aussi fraîches que si elles avaient été réalisées hier.

Si un panneau est déformé ou plié, il est redressé en amortissant le côté concave et en y vissant des traverses. Si le sol est entartré, approvisionnez-le avec du plâtre de Paris en poudre mélangé à de l'eau de gomme. La repeinture peut être exécutée avec des aquarelles mêlées de blanc d'oeuf, *de gouache* , ou même de l'huile en petite quantité, qu'il convient plutôt de frotter ou de lustrer que de peindre en masse.

Un tableau commun sur panneau des XIVe et XVe siècles, peint au blanc d'œuf, peut être assez bien restauré à l'aquarelle ou *à la gouache* , puis verni. Mais la couleur au médium *gouache* ne *tiendra pas* bien, sauf sur le fond gesso. Il est susceptible de s'écailler sur toute surface lisse et dure. Il est donc difficile de les restaurer en peignant sur l'ancienne glaçure dure. La plupart des médiums vendus pour rehausser les aquarelles — *par exemple* le médium en verre de Winsor & Newton — feront adhérer la couleur .

UN FOND POUR LA PEINTURE À LA CIRE SUR DES SUBSTANCES POREUSES a été réalisé comme suit : -

Cire blanche   dix

Résine   5

Essence de térébenthine   40

Faites fondre la cire au *bain-marie* , passez la solution dans une passoire en lin et étalez-la en couches successives sur un mur préalablement chauffé au four manuel ou au brasero. Pour boucher les trous dans le mur, utilisez un mastic à base de cire, de gomme animée , de résine et de merlan.

Les couleurs sont préparées pour la peinture à la cire en les broyant avec du gluten. Leur substance est la même que celle mélangée à l'huile pour la peinture à l'huile. Le gluten est composé comme suit : -

Résine   1

Cire blanche   4

Un gluten plus dur peut être obtenu en remplaçant la gomme animée par du copal .

de travail lucratif dans le nettoyage et la restauration de tableaux anciens, ainsi que d'antiquités de toutes sortes, et des milliers d'artistes jeunes ou même plus âgés, dont la vie est une lutte douloureuse pour se faire connaître, feraient bien de s'efforcer élever l'art de la restauration à sa juste place, au lieu d'avoir honte d'y descendre.

Le restaurateur doit se faire un devoir d'étudier avec le plus grand soin *les vernis, les huiles et les couleurs* . Qu'il lise les articles et les livres de la cyclopédie qu'il pourra trouver sur ces sujets, et qu'il fasse toutes les recherches pratiques auprès des fabricants et des marchands. Il devrait, s'il entend pratiquer sérieusement cet art, étudier la chimie. Je ne peux imaginer de meilleur restaurateur qu'un habile analyste. Il reste encore beaucoup à apprendre sur les couleurs , et la plupart viendront par la voie de la chimie. Cependant, beaucoup de choses sont en train d'être relancées ou arrivent comme neuves grâce à la formation de « l'œil populaire » vers des nuances, des teintes et des tons jusqu'ici inhabituels . Au Moyen Âge, lorsque la culture s'épuisait dans l'art et la décoration, il y eut un développement merveilleux dans ce domaine, même dans les détails les plus délicats, même si une grande partie nous semble aujourd'hui si « bruyante » ou excessive. Nous avons, ces dernières années, beaucoup appris de la Chine et du Japon en matière de couleurs atténuées . Il se peut que, comme dans la musique orientale, même la dixième partie d'une note devienne aussi distincte à l' oreille exercée qu'une dixième partie naturelle, de même ces mélanges et subdivisions de teintes peuvent être aussi perceptibles pour les gens que les couleurs normales . Tout cela doit être soigneusement étudié par le restaurateur comme par le peintre.

La restauration d'une belle œuvre d'art devenue tout à fait terne, ridée de mille lignes et, peut-être, tout à fait laide en termes de beauté et de fraîcheur, ressemble tellement à une résurrection ou à une transfiguration vers une vie, une jeunesse et une beauté nouvelles. que les poètes n'ont pas manqué de s'en servir comme d'une comparaison pour tout ce qui exprime la renaissance. Ainsi Dean Hole, dans ses Mémoires, remarque que, « comme lorsqu'un beau tableau qui a été caché et oublié, enlevé au moment de la bataille de peur d'être détruit par l'ennemi, est retrouvé après de nombreuses années, et est soigneusement nettoyé et habilement restauré, et l'œil est ravi du développement successif de la couleur et de la forme, et le visage vivant, la scène historique, le paysage ensoleillé ou la mer au clair de lune ressortent sur la toile ; ainsi, dans ce grand renouveau de la religion qui a commencé en Angleterre il y a plus d'un demi-siècle, les glorieuses vérités de l'Évangile ont été rétablies. Considéré en lui-même, l'art de restaurer la beauté est à la fois beau et noble et mérite d'être considéré comme tel.

RECETTES GÉNÉRALES

RECETTE. - *Le mot. Une formule ou une prescription est une* recette, *dérivée du mot latin* recette *signifiant prendre. Un accusé de réception de l'argent payé est un* reçu *, du* receptus, *ou reçu. Une description des matériaux à utiliser pour faire une tarte ne constitue pas un* reçu, *mais un* recette.— erreurs familières.

POUR NETTOYER LA LAINE TISSU. — Frottez-le avec du sel ammoniac et de l'eau jusqu'à ce qu'il soit propre, puis lavez-le à l'eau pure. Ce liquide est très utile, lorsqu'un vêtement a été taché par du vinaigre, du vin ou du citron, pour lui redonner sa couleur d'origine .

Une méthode ancienne mais excellente pour nettoyer les rubans ou les tissus de soie graissés est la suivante : — Posez le ruban sur une bourre ou une surface plane de ouate de coton, saupoudrez-le d'argile séchée, ou de magnésie calcinée, ou de merlan, et par-dessus une autre couche. de ouate. Passez dessus un fer plat pas trop chaud. L'huile ou la graisse sera absorbée par le coton. Répétez cette opération jusqu'à ce que la guérison soit effectuée . S'il reste encore des taches, peignez-les avec du jaune d'œuf, séchez l'étoffe dans un courant d'air, et lorsqu'elle est bien durcie, enlevez le joug et lavez à l'eau.

LES TACHES DE VIN peuvent être éliminées en *appuyant simplement* dessus avec un tampon imbibé d'eau froide. Cette méthode réussira lorsque l'essuyage ne fera qu'étaler une tache. Le sel seul est également employé.

"Lorsque la jupe d'une femme, en quelque matière que ce soit, a été renversée sur de la sauce, du vin, de l'huile ou tout autre *liquide léger* , à la différence des substances telles que la peinture, la poix ou le goudron, n'essayez pas, comme c'est habituellement le cas, d'essuyer ou lavez-le proprement. Posez un drap de lin ou même du papier blanc spongieux (si vous le souhaitez, vous pouvez utiliser des journaux) sur une table ; sur cela, répartissez le tissu sale de manière très uniforme. Ensuite, posez sur la surface supérieure un autre drap blanc propre, ou un chiffon en mousseline blanche, ou des serviettes ou des serviettes, et appuyez dessus jusqu'à ce que la plus grande quantité possible de liquide soit aspirée. En changeant les chiffons ou le papier blanc et en appuyant continuellement, le tissu peut être presque nettoyé. Saupoudrez-le ensuite bien de magnésie calcinée en poudre ou de merlan. Là où cela n'est pas possible, la craie répondra. Cela absorbera généralement tout ce qui reste de graisse. »— *Notes d'une femme de ménage (MS.).*

« Un papier buvard propre et sec posé sur des taches de graisse est admirable pour l'extraction. Appliquez une pression avec un fer plat ou un rouleau à main comme celui utilisé pour le pain. Il existe des rouleaux de papier buvard, faits pour l'encre, qui conviennent tout à fait au chiffon de nettoyage ; mais le papier doit être jeté dès qu'il a reçu de la graisse ; sinon il ne fera qu'étaler la tache et la rendre indélébile en la frottant dans la fibre des fils. On trouvera également qu'une bonne éponge douce lui est presque égale. »— *Notes d'une gouvernante (MS.).*

LES VIEUX VÊTEMENTS DE LAINE OU DE SOIE peuvent être très brillamment renouvelés de la manière suivante : — Ils sont trempés dans de l'acide cuivreux sulfurique (cuivre ou vitriol bleu), de l'oxyde de plomb ou de bismuth, ou simplement avec leurs oxydes métalliques, puis exposés à la vapeur. , mélangé à du gaz d'acide sulfurique . Une autre méthode consiste à tremper les étoffes simplement dans une solution d' acide sulfurique et de cuivre ou d'oxyde de bismuth. Celui-ci est chauffé lentement, mais le chauffage doit être nuancé en fonction de la couleur des étoffes à raviver. Leur application nécessite beaucoup de soin et certaines connaissances ou expériences.

Encre pour restaurer les inscriptions sur métaux de toute espèce, argent, zinc ou laiton : Pour une partie d' acide acétique cristallisé , de l'oxyde de cuivre, une d'ammoniaque et une moitié de suie de bois de sapin. Mélanger dans une soucoupe avec dix parts d'eau. On dit que celui-ci résiste très bien aux intempéries.

UNE AIDE TRÈS PRÉCIEUSE POUR LE RESTAURATEUR OU LE RÉPARATEUR D'OUTILS , lorsqu'elle peut être obtenue, est LA PEAU BRUTE . Ce matériau sèche aussi dur que n'importe quel bois et est plus résistant que n'importe quel tissu textile. Ainsi, si une roue cassée ou une partie quelconque d'un véhicule est attachée avec une lanière de peau brute, fermement tirée, lorsque celle-ci sèche, rétrécissant un peu, elle tient mieux que le fer. La peau de bœuf brute ou non tannée ou la peau similaire, une fois séchée, est en fait semblable au parchemin et, comme lui, ressemble à de la corne en termes de dureté. Les malles les plus résistantes au monde sont fabriquées en Amérique à partir de peau brute. Ce matériau, lorsqu'il est transformé en petits objets, tels que des flacons, des boîtes, des fourreaux ou des encriers portables, a souvent résisté à l'usure des générations. Comme il est bon marché, facile à mouler ou à estamper, il est remarquable qu'il ne soit plus utilisé comme il l'était autrefois.

LES DESSINS AU CRAYON OU AU CRAYON peuvent être préservés du frottement par un léger lavage de gomme de toute sorte, de vernis dilué ou même de lait. Cette dernière solution est préférable dans la plupart des cas . Il préserve également l'écriture manuscrite et, comme tous les émaux, empêche la décoloration.

LES BASES POUR PERLES et ouvrages similaires peuvent être fabriquées de la façon suivante : — Prenez de la poussière de nacre, que l'on peut acheter à bas prix chez un tourneur, poudrez-la ou lévitez-la finement, mélangez-la avec la moitié de sa masse de fine farine d'orge blanche, et complétez-le avec une solution faible de gomme-mastic. Prenez également des coquilles d'escargots ou le glaçage de tout gros coquillage dur, en les lavant d'abord avec une lessive forte pour les nettoyer. Pulvériser et maquiller avec du jaune d'oeuf et de l'alun, ou tout autre liant fin. On peut faire la même chose avec du cristal de roche ou du silex pur. Broyez-le en poudre la plus fine et complétez-le avec un mélange bien incorporé de blanc d'œuf et de gomme arabique pure . Une fois sec, celui-ci deviendra dur comme une pierre et de plus en plus imperméable avec le temps.

PULVÉRISER _ VERRE. — Mettez d'abord au feu jusqu'à ce qu'il soit rouge, puis plongez-le dans l'eau froide, après quoi réduisez-le dans un mortier. La poudre de verre ainsi préparée, mélangée à presque n'importe quel ciment, la rend extrêmement dure. Il est également mélangé à de la peinture.

L'ACIER BRUNI OU LA FERRONNERIE peuvent être préservés de la rouille en frottant l'article avec de l'huile de clou de girofle ou de l'huile de lavande ; également avec un mélange de térébenthine, d'huile de lavande ou de clou de girofle et de pétrole. La pommade mercurielle est couramment utilisée pour les armes à feu.

LA ROUILLE peut être enlevée du fer en le frottant avec de l'huile de tartre (*oleum tartari*), à l'aide d'un chiffon en laine .

LES OBJETS EN LAITON , lorsqu'ils sont devenus ternes ou rouillés, peuvent être renouvelés et rendus semblables à de l'or. Prenez du sal -ammoniac, broyez-le dans un mortier avec de la salive ; frottez-le sur le laiton ; posez-le sur des charbons ardents pour bien le sécher et couvrez-le d'un linge en laine . C'est ce que dit JOHANN WALLBERGER ; ajoutant : "Grâce à cet art, un certain homme gagna autrefois, à Rome, beaucoup d'argent, dans la mesure où il nettoyait ainsi les lampes en laiton des églises et autres objets du même métal." Il existe une autre préparation dans le même but, encore plus dorée. Il se compose de soufre , de craie et de suie provenant des feux de bois. Mais comme il disparaît bientôt, il convient de laquer ou de vernir le laiton.

LE MEILLEUR NETTOYANT POUR LAITON que je connaisse est une préparation allemande utilisée par BARKENTIN & KRALL , Regent Street, auprès de laquelle on peut également l'obtenir.

UN CIMENT TRÈS RÉSISTANT , et bon pour le scellement, peut être fabriqué en combinant de la vessie d'esturgeon, dissoute dans de l'alcool, avec du silex ou du sable pulvérisé le plus fin.

LA COLLE , dans laquelle la résine a été bien infusée par la chaleur, combinée avec du sable ou des cendres ou de l'argile, forme un ciment solide, utile pour toutes sortes de gros travaux.

UN CIMENT TRÈS BON ET SOLIDE se fait de la manière suivante : à trois huitièmes de livre d'eau, ajoutez trois huitièmes de livre d'alcool et un quart de livre d'amidon ; préparez également deux onces de bonne colle dans de l'eau, mélangées avec deux onces de térébenthine épaisse, et mélangez bien à la première composition. C'est une très bonne colle pour relieurs.

LE TUFFEAU OU PIERRE TENDRE , qui abonde en Italie et ailleurs, est très utilisé lorsqu'il est réduit en poudre et brûlé pour la construction. Il est également utile comme ciment. Un vieil écrivain dit qu'on peut le brayer dans un mortier, mais que « nombreux sont ceux qui, faute de mortier, sortent des églises de vieux fonts baptismaux et, à la place d'un pilon, utilisent le battant d'une cloche d'église ».

UNE DÉCORATION CURIEUSE peut être réalisée en dessinant des figures, par exemple des animaux, avec de la colle ou de la gomme sur une surface murale, puis en les poudrant avec de la poussière de tissu de couleurs appropriées . Ces chiffres peuvent être dessinés au pochoir .

Comme la réparation et la restauration de *la beauté humaine* sont les plus importantes, il vaut peut-être la peine de donner ici quelques recettes qui ont fait leur preuve depuis des siècles :

POUR FAIRE DISPARAÎTRE LES RIDES ET LES TACHES DE ROUSSEUR. — Cela est plus possible qu'on ne le suppose généralement, et j'ai connu une dame d'une grande beauté, dont tous mes lecteurs ont entendu parler, qui, à cinquante ans, avait artificiellement et miraculeusement conservé son visage dans une parfaite douceur, bien que je ne le sache pas. savoir par quels moyens. Voici ce que donne WALLBERGER : « Prenez de l'alun fin et pur, mélangez-le soigneusement avec le blanc d'œuf frais, et faites-le bouillir doucement dans une pomme, en le remuant constamment avec un bâton ou une cuillère en bois jusqu'à ce qu'il forme une pâte molle. Appliquez-le sur le visage matin et soir pendant deux ou trois jours, et vous verrez bientôt qu'il est exempt de rides et de taches de rousseur, et merveilleusement clair et agréable à voir. Les âmes frivoles peuvent porter à leur propre compte l'abus coupable d'une telle beauté ; les vertueux ont horreur de tels actes » (*Zauberbuch* , 1760).

LE JUS DE CITRON ou les sels de citron, ou le jus de citron et le sel, sont d'un grand secours pour blanchir les mains et faire disparaître les taches de rousseur.

LA GOMME-BENJOIN DISSOUTE DANS L'ALCOOL peut être obtenue chez tout apothicaire. Versez-en quelques gouttes dans un verre de vin rempli d'eau tiède, et cela formera une émulsion blanche comme du lait, qui est un cosmétique parfait et inoffensif pour le visage, et qui sert de savon délicieux pour la lessive. C'est le *lac virginis* tant utilisé il y a deux siècles.

L'EAU DE COLOGNE mélangée à de l'eau forme une émulsion blanche, bien supérieure à n'importe quel savon pour mains délicates. Il constitue un cosmétique parfaitement inoffensif pour le visage. Même quelques gouttes dans une bassine d'eau donneront un bon résultat. Une trop grande quantité, ou tout autre lavage, aura un effet contraire et asséchera la peau. Si l'on se rince la bouche avec cette émulsion d' *eau de Cologne* et d'eau, cela purifiera l'haleine, et cela pendant longtemps si on l'utilise en gargarisme.

UNE ENCRE DE MARQUAGE FORTE , ou colorant noir, qui résistera à une grande exposition aux intempéries, est préparée comme suit :— Prenez de la gomme arabique 10 livres, de la liqueur de bois de campagnard (densité spécifique 1,37) 20 onces liquides, du bichromate de potasse. 2½ oz, avec suffisamment d'eau pour dissoudre le bichromate. Dissoudre la gomme dans un gallon d'eau, filtrer, ajouter la liqueur de bois de campanule, mélanger et laisser reposer le mélange pendant vingt-quatre heures ; puis incorporez rapidement la solution bichromate et ajoutez un peu de nitrate de fer et d'acide fustique. S'il est trop épais, diluez-le avec de l'eau tiède.

UN CIMENT TRÈS DUR peut être obtenu en digérant du spath fluor pendant un certain temps dans de l'acide sulfurique , en ajoutant du sulfate de magnésium et en incorporant de la magnésie calcinée au mélange.

UN CIMENT ROUGE POUR LE FER OU LA PIERRE OU LE SCELLEMENT est composé de minium et de litharge à parts égales mélangées à de la glycérine concentrée jusqu'à la consistance d'un mastic souple. Une fois sec, il est résistant à l'eau et au feu.

L'ÉMAIL SILICO est un vernis liquide fin, plus fin que le vernis, qui s'applique facilement sur tous les métaux polis, ainsi que sur d'autres substances. Il peut être obtenu en bouteilles, au prix d'un shilling, avec pinceau, de la Silico Email Company, 97 Hampstead Road, Londres, NW.

LES GANTS DE COULEUR CLAIRE peuvent être nettoyés en roulant de la chapelure dessus ; également avec du caoutchouc indien . Également au moyen de benzine. Plusieurs lavages brevetés à cet effet sont maintenant vendus.

NETTOYAGE DU MARBRE. — « Si 'Sculpteur' veut obtenir quelques sels d'absinthe et les dissoudre dans de l'eau tiède, alors mélangez-les avec du meilan pour obtenir une pâte modérée, appliquez-la sur la pierre ou le marbre, et laissez-la reposer dessus pendant vingt-quatre heures — et sinon Si vous réussissez la première fois, appliquez à nouveau : il enlèvera toutes les taches du marbre et éliminera tous les lichens des grès ou des pierres oolithiques . Lavez soigneusement la pierre avec un savon fort (par exemple du savon en poudre d'Hudson n° 2) et de l'eau tiède et, une fois complètement sèche, appliquez une couche d'huile sulfurée. Il peut fabriquer sa propre huile. Faites bouillir dans un bain un litre d'huile de lin pendant une heure, avec une demi-livre de fleur de soufre en remuant doucement et continuellement ; puis ôtez du feu et laissez refroidir ; puis versez l'huile des sédiments, en utilisant l'huile sur la pierre. Aucun lichen n'endommagera sa pierre s'il est exposé à l'air, car la pluie la nettoiera à chaque fois. J'ai nettoyé plusieurs statues avec rien d'autre que du Hudson n° 2 et de l'eau. » — *Travail, 2 avril 1892.*

LA MAGNÉSIE CALCINÉE , ou l'os calciné et réduit en poudre, posé pendant quelque temps sur du marbre simplement huilé ou graissé, préalablement bien lavé à l'eau et au savon, enlèvera souvent la tache. Pour l'encre, utilisez de l'acide oxalique en solution faible avec de l'eau.

LA GOMME- DEXTRINE , ou substitut de gomme, est fabriquée à partir de farine grillée . Elle forme, mélangée à l'eau, une gomme peu inférieure à la gomme arabique , dont elle est, comme son nom l'indique, un substitut. Il est très largement utilisé dans de nombreuses manufactures et peut être obtenu auprès de n'importe quel chimiste. Il arrive parfois qu'il soit trop cassant après séchage, et ne tienne pas. Dans ce cas, ajoutez quatre ou cinq gouttes de glycérine à une tasse à thé de dextrine en solution.

COLLE BUCCALE (MUNDLEIM) OU CIMENT SOLIDE. — Celui-ci est vendu par les papetiers en bâtonnets ou en tablettes minces et plats, et s'utilise en le mouillant et en le frottant, principalement pour le papier. Elle est faite comme suit pour les étiquettes :—

Vessie d'esturgeon 25

Sucre   12

Eau   36

L'acide carbolique

La vessie de l'esturgeon est d'abord dissoute, puis on y ajoute du sucre, ainsi que quelques gouttes d'acide phénique, ce qui lui permet de durcir plus fermement, et également de résister à la moisissure due à l'humidité, induite par la présence de sucre. Ce ciment s'applique au verre, au bois ou au métal. Comme le suivant, il a l'avantage d'être toujours prêt à l'emploi, et ne nécessite aucune ébullition. S'il devient trop difficile de l'utiliser librement, laissez-en la quantité nécessaire tremper pendant un certain temps dans l'eau. Beaucoup pensent, en le mouillant simplement dans la bouche lorsqu'il est dur, et en l'utilisant immédiatement, que c'est un adhésif très faible, ce qui est une erreur. Une grande partie de celle vendue par les papetiers est cependant de qualité très inférieure et fabriquée avec une colle très commune.

Colle transparente, n°1 24

Sucre   13

La gomme arabique   5

Eau   50

La colle, le sucre et la gomme sont bouillis dans l'eau jusqu'à ce qu'une goutte tombée sur une dalle durcisse. Il est ensuite roulé et découpé en galettes.

POUR RÉPARER OU FABRIQUER DES PIPES EN ÉCUME DE MER. — Dissoudre la caséine dans le silicate de soude ; incorporer au ciment la magnésie finement calcinée. L'ajout de poudre d'écume de mer permet d'obtenir une imitation fidèle de l'écume de mer dans la masse.

LE CIMENT TURC de l'espèce la plus résistante, et tel qu'on se sert pour attacher les pierres précieuses au métal, est fabriqué de la manière suivante :

Ciment de vessie d'esturgeon 30

Mastic (meilleur)   2

Gomme-ammoniaque   1

Spiritueux de vin   dix

La vessie de l'esturgeon, déchiquetée, est dissoute avec de l'alcool de vin en restant dans un endroit tiède ; la gomme est également dissoute dans l'alcool et mélangée à la vessie de l'esturgeon ; le tout doit ensuite être soigneusement et lentement bouilli jusqu'à obtenir un sirop. Fermez avec un bouchon en liège, car il est sûr de bien coller.

POUR AMÉLIORER LES BOUCHONS. — Lorsque les bouteilles contiennent des substances qui adhèrent au *bouchon* et *durcissent* , celui-ci doit être préalablement trempé dans de l'huile ou de la vaseline , ou bouilli dans un mélange des deux.

CIMENT ARMÉNIEN . — Cela ressemble beaucoup aux ciments diamant et turc :—

JE.

Vessie d'esturgeon 600

II.

Gomme-ammoniaque   6

du mastique   60

La vessie de l'esturgeon est dissoute séparément dans l'alcool de vin, la gomme ammoniacale et le mastic aussi, mais avec un minimum d'alcool ; les deux sont ensuite combinés.

Un ciment qui résistera à l'action de l'alcool de vin sera souvent très précieux, comme lorsqu'il s'agit de fixer de grands couvercles sur des pots contenant des préparations anatomiques. L'une est faite comme suit : -

Poudre de manganèse nettoyée 20

Silicate de soude soluble   dix

Celui-ci doit être utilisé librement pour faire adhérer la couverture. Lorsqu'avec le temps il deviendra cassant, enduisez-le d'une épaisse solution d' asphalte dans de la térébenthine ou du pétrole.

POUR bien sceller les bouteilles, dépolissez l'ouverture ou la bouche avec une lime ou du papier de verre, enfoncez un bouchon dur jusqu'à un demi-pouce au-dessous du haut, puis scellez-le avec du silicate de soude mélangé à de la poussière de marbre.

LE CHLORURE DE ZINC ajouté au silicate de soude et à l'oxyde de zinc forme un très bon ciment, qui résistera à la plupart des influences.

LE PAIN macéré avec de la colle ou de la gélatine avec un peu de glycérine est une substance admirable pour les fleurs artificielles, les moulages, les médaillons, etc. Si on travaille avec de la gomme arabique et un peu d'alun, ou de dextrine , ou de mucilage commun, on aura le même résultat. Il peut également être travaillé avec du vernis fin ou du ciment gutta-percha ; également avec des acides sulfurique ou nitrique dilués pour produire une substance dure. On peut remarquer ici que *le pain* est pour certains travaux bien supérieurs à la farine ou à la pâte d'amidon, puisque la combinaison avec *la levure* provoque un développement de tissu cellulaire, dont le résultat est une substance plus ferme et plus cireuse. J'ai été amené à observer cela au début, non par ce que j'ai lu sur l'action des acides sur le pain, mais par l'observation des fleurs à pain fabriquées par les paysans italiens pour orner les images des saints. Je crois qu'il y a un peu de vinaigre mélangé dans ceux-ci. Ils ressemblent beaucoup à de la cire. Le pain utilisé doit être du pain de ménage moelleux, bien entendu bien pétri avec l'acide et les colorants . La pâte à pain se combinerait probablement bien avec le caoutchouc indien en solution.

Récemment, les journaux illustrés allemands ont publié des modèles de petits plats ornementaux en pâte ou en pain, destinés à recevoir des conserves de fruits et autres comestibles, les plats eux-mêmes n'étant pas destinés à être consommés.

Le pain moelleux avec un peu de vernis ou n'importe quelle gomme ordinaire et un peu de glycérine , bien travaillé, constitue un admirable comblement des fissures du bois. Combiné avec n'importe quelle gomme, ou même avec de la gomme adragante ou de pêche ou de cerise, et du noir de fumée (ou de l'encre de Chine liquide), il forme un ciment qui ressemble à l'ébène. Plus la macération est complète, plus elle sera dure. Les moulages de panneaux, etc., réalisés avec ceci sont vraiment magnifiques. Frotter avec de l'huile et la main une fois qu'elle est bien sèche. Ajoutez quelques gouttes de glycérine et d'alun en solution pour éviter les fissures, ou, mieux, un *peu* caoutchouc . Le pain de seigle mou durcit en un ciment un peu plus résistant que le blé. Le ciment à pain constitue un support admirable pour la dorure ou la peinture. Le pain macéré avec du citron vert et du blanc d'œuf forme une composition très dure comme l'ivoire. Du pain, de la colle et de la glycérine , *idem* .

DE MARRON D'INDE . — C'est ce qu'on appelle un ciment, mais c'est proprement une pâte comme celle de la farine. Les marrons d'Inde sont généralement négligés, mais ils peuvent être utilisés avec profit pour la pâte, qui admet les mêmes combinaisons que la farine.

LES DÉCHETS DE FEUILLES DE THÉ dont le thé a été extrait peuvent être macérés avec de la gomme et traités comme des feuilles de rose pour former de l'ébène artificiel. Séparez soigneusement toutes les parties dures.

GOMME D'USAGE GÉNÉRAL , comme la gomme arabique :—

Sucre commun, en poids 12

Eau   36

Chaux éteinte   3

Incorporer le citron vert dans la solution chaude de sucre et d'eau. Gardez-le bouillant et remuez-le souvent pendant une heure. Videz le liquide des lies du citron vert. Cette gomme admet également des modifications. L'un d'eux est le célèbre SYNDETIKON , qui se prépare de la manière suivante : à quinze parties de la solution de sucre et de chaux, ajoutez trois de bonne colle, et laissez-les tremper pendant vingt-quatre heures ; réchauffer progressivement et remuer fréquemment jusqu'à ce que la colle soit dissoute. Laissez ensuite bouillir quelques minutes. Cela fait un bon ciment ordinaire, qui sert à unir le papier, le cuir, le verre ou la porcelaine. Cependant, il tache ou change de couleur dans le papier, etc.

UN CIMENT GÉNÉRAL , qui peut être utilisé pour assembler le métal et le verre, la pierre, les tuiles, etc. :

Plâtre de Paris 21

Limaille de fer   3

Eau   dix

Blanc d'œufs   4

LE CIMENT DE RÉPARATION GÉNÉRAL si communément vendu ne consiste en rien d'autre que :

La gomme arabique 1

Plâtre de Paris   3

Celui-ci doit être mélangé avec de l'eau lors de son utilisation. Il ne résiste cependant pas à l'action de l'eau chaude.

UN CIMENT QUI RÉSISTE AUX ACIDES est fabriqué de la manière suivante : le caoutchouc indien est dissous dans le double de son poids d'huile de lin et pétri en une pâte à bolus blanc. Si le ciment durcit trop vite, ajoutez-y un peu de litharge.

DE CAOUTCHOUC INDIEN POUR APPAREILS CHIMIQUES :—

Caoutchouc   8

Suif   2

L'huile de lin 16

Bolus blanc   3

Celui-ci ne résiste pas aux températures élevées, mais est efficace contre les acides.

CIMENT SCHEIBLER POUR APPAREILS CHIMIQUES :—

Gutta-percha 2

La cire   1

Gomme laque 3

DE SOREL . — Celui-ci consiste en de l'oxyde de zinc combiné à son chlorure. Le chlorure de zinc se présente sous une forme lourde et sirupeuse qui, combinée avec l'oxyde blanc, durcit très-dur. Il est principalement utilisé pour obturer les dents, mais s'applique également à la fabrication de médaillons et d'autres objets d'art. Dans ce dernier but, on le mélange avec de la craie en poudre, du verre pulvérisé , etc. Le processus de préparation et de combinaison des ingrédients de ce ciment est cependant si fastidieux qu'il est très peu probable que le réparateur ordinaire se soucie de l'essayer ; d'autant plus qu'il existe de nombreuses préparations bien supérieures.

COLLE POUR TAPISSERIE , & c. :—

Pâte de farine   100

Eau d'alun   3

Pâte de dextrine   5

Cela peut également être appliqué de plusieurs manières.

AUX ALAMBICS AU LUTH , etc. :—

Colle en poudre 20

Farine   dix

Fibre   5

A bien mélanger avec de l'eau.

Comme l'alun n'est pas affecté par le pétrole, il est utilisé pour fixer les anneaux aux douilles de lampes à pétrole. Ceux-ci sont doublés d'alun fondu par la chaleur. L'alun fondu forme un ciment solide pour le verre et le métal.

COLLER POUR LE PAPIER PEINT. — Dix parties de farine sont transformées en pâte commune ; ajoutez un peu de colle bouillie dans de l'eau chaude; ajoutez au tout une vingtième partie de blanc d'oeuf. Cela tient très fermement. La pâte faite avec de la farine et de la gomme arabique , etc., ne moisit pas ou devenir aigre s'il est mélangé avec quelques gouttes d'huile de clou de girofle ou d'acide carbolique.

D'ARGILE . — Là où on ne peut se procurer de la chaux, on peut faire un très bon mortier pour cheminées en mélangeant de l'argile avec de la mélasse commune. On dit (LEHNER) qu'elle résiste à l'action de la chaleur lorsqu'elle est bien séchée.

Un autre ciment ignifuge est réalisé de la façon suivante :—

Argile   40

Sable à silex   40

Chaux éteinte   4

Borax   2

Ceci est mélangé avec très peu d'eau. Il est utilisé comme lessive et doit, une fois séché, être chauffé au feu.

LES CABANES EN RONDINS et les maisons construites en bois sont, en Amérique, souvent envahies par la vermine à un degré qui semblerait incroyable. Dans tous ces cas, les joints et les cavités doivent être bien compactés et enduits de ciment – de la chaux si possible – puis blanchis à la chaux. Les trous à rats doivent être bouchés avec des pierres ou du gravier, puis cimentés.

ZEIODELETH . — Les récipients en bois, en fer, en grès ou en ciment moulé sont souvent rongés par l'action des acides et des alcalis . Pour éviter cela, ils sont en Allemagne recouverts d'une composition appelée *Zeiodeleth* . Dans sa forme la plus simple, il s'agit simplement de soufre mélangé à du sable de silex *très finement tamisé, ou bien de verre broyé, de porcelaine ou de pierre. On* en fabrique également des plaques minces pour recouvrir ces récipients, ou même pour les former.

ZEIODELETH DE MERRICK :—

Soufre   20

Poudre de verre 40

ZEIODELETH DE BÖTTGER (LEHNER):—

Silex en poudre 90

Graphite   dix

Soufre   100

JE.

On obtient UNE PÂTE FLUIDE EN VERSANT DANS UN POT EN PORCELAINE 5 kilogrammes de fécule de pomme de terre avec 6 kilogrammes d'eau et des grammes d'acide nitrique blanc. Gardez le tout dans un endroit chaud pendant quarante-huit heures, en remuant fréquemment, puis faites-le bouillir jusqu'à ce qu'il soit sirupeux et transparent. Ajoutez un peu d'eau, ou suffisamment pour la rendre suffisamment fluide pour être filtrée à travers une serviette tissée serrée.

II.

Dissoudre 5 kilogrammes de gomme arabique pour 1 de sucre dans 5 litres d'eau, en ajoutant 50 grammes d'acide nitrique ; porter à ébullition, puis ajouter le n° I. Le résultat est une colle parfaitement fluide, qui ne moisit pas , et sèche sur du papier glacé. Il est adapté pour les timbres-poste, le marquage sur impressions et la papeterie fine.

PÂTE DE FARINE DURABLE POUR PAPETERIE. — Prenez une bonne pâte de farine, en y ajoutant, en bouillant, un dixième de colle liquide transparente, à bien mélanger. Ajoutez quelques gouttes d'acide phénique ou d'huile de clou de girofle. Gardez-le bouché dans de grands flacons à large ouverture.

CIMENT SEC, OU DU VOYAGEUR COLLE :-

Colle 600 grand-mère .

Sucre 250   »

La colle doit être de la meilleure qualité, parfaitement fondue dans l'eau, comme d'habitude, et le sucre incorporé. Elle est ensuite cuite à la vapeur jusqu'à ce qu'elle devienne dure à froid. Pour l'utiliser, placez-le dans l'eau chaude, lorsqu'il se liquéfie immédiatement. Ceci est spécialement utilisé pour le papier.

REVÊTEMENT POUR PROTÉGER LES ARBRES DES INSECTES :—

Colophane (résine) 100

Savon commun   100

Le goudron   50

L'huile de baleine   25

Enduisez les troncs des arbres avec cela. Il peut également être déposé sur des feuilles de papier brun pour attraper les mouches.

CIMENT POUR REMPLISSAGE. — Prenez du caillé frais (caséine) et pétrissez-le avec de l'eau jusqu'à obtenir un mastic. Il peut être utilisé dans cet état à de nombreuses fins. Pour le durcir beaucoup, ajoutez un vingtième de son poids en chaux et plus ou moins de quelque substance indifférente, comme de la craie, de la magnésie calcinée, de l'oxyde de zinc et des matières colorantes . Cela durcit si fort qu'il peut être utilisé pour réaliser des moulages ou de nombreuses petites œuvres d'art.

FRANÇAISES . — Deux colles très excellentes utilisées en France sont la *colle forte de Flandre* et celle de *Givet* . GOUPIL recommande comme meilleure colle, lorsqu'on demande un article très supérieur, un article composé à parts égales des deux. Cassez-les, laissez les morceaux reposer quinze heures dans l'eau, puis faites bouillir pendant deux heures au *bain-marie* ou à la bouilloire à colle. Après un certain temps , la colle se déposera et deviendra claire. Ajoutez, si besoin, un peu d'eau du *bain-marie* .

POUR DONNER UN BRILLANT SATINÉ AU PAPIER. — Peindre avec un pinceau large et doux sur le papier avec une solution d'hyposulfite de baryum (exprimé chimiquement par BaS_2O_3). Il peut être posé seul ou mélangé à une couleur . Il est parfois utilisé par les relieurs. Ceci peut être appliqué dans des aquarelles à l'imitation de la soie ou du satin.

LA GOMME LAQUE , ou gomme-laque, également colle à la gélatine, est vendue en fines feuilles. Pour le préparer, mettez au *bain-marie* vingt parties de gomme pour une de fleurs de soufre , remuez bien et ajoutez un peu d'eau tiède. Il peut être transformé en petites barres à la main ; laissez-les refroidir et réchauffez-les au besoin.

UN TRÈS BON CIMENT qui, selon FRED. LE DILLAYE , résistant au feu et à l'eau, se fait de la manière suivante : Prenez une demi-pinte de lait, autant de vinaigre, mélangez-les et enlevez le petit-lait. Ajoutez le blanc de cinq œufs au caillé, mélangez bien le tout et ajoutez autant de chaux vive finement tamisée que pour former une pâte.

D'ESCARGOT . — On dit que les escargots ou les limaces, écrasés, forment une colle forte et dure. C'est probable ; aussi, qu'il se combinerait avec de la chaux vive en poudre, ou du carbonate de chaux en poudre, pour prendre très dur.

POUR RÉPARER LE MARBRE, utilisez de la gomme-laque en feuilles, mélangée à de la cire blanche.

POUR RÉPARER L'ALBÂTRE, utilisez de la gomme arabique mélangée à de la poudre d'albâtre. Ceci est également utile à de nombreuses autres fins.

UN CIMENT utile à de nombreuses fins, également comme base pour la peinture, est fabriqué comme suit : — Prenez de l'orge et faites-la tremper dans six équivalents d'eau pendant plusieurs jours, ou jusqu'à ce que l'orge se dilate ou germe. Jetez l'orge après l'avoir pressée. Cela donne un liquide gluant qui, combiné à de la pâte à pipe et du savon blanc , durcit. Elle est améliorée par l'ajout de poudre d'os calciné. L'eau d'orge peut également être utilisée dans de nombreuses autres combinaisons. De la gomme arabique et de la colle fine, de la dextrine et de la colle de poisson peuvent être utilisées à la place.

Un ciment solide pour corne ou écaille de tortue :—

Colle (fluide)   1 ½

Bonbon   3

La gomme arabique   ¾

Les deux derniers doivent être dissous dans six parties d'eau.

Un autre pour le même : Prends de l'eau de chaux forte ; combinez-le avec du fromage nouveau. Cette dernière est à mélanger avec deux parts d'eau, de manière à former une masse molle. Versez-y l'eau de chaux, mais veillez à ce qu'il n'y ait pas de fromage solide dedans. Cela formera un liquide qui pourra être utilisé comme ciment.

L'intestin de chat , qui est cependant fabriqué à partir d'intestins de mouton, etc., est d'une grande utilité dans certains genres de réparation, en raison de sa résistance. On peut en faire une très petite corde qui soutiendra un homme.

On dit également que les pêcheurs fabriquent des cordes très résistantes en prenant des vers à soie juste avant de les filer, en les ouvrant et en utilisant la soie, qui se trouve ensuite sous la forme d'un morceau solide et assez long, et qui peut être artificiellement étirée dans n'importe quelle forme. Il est probable que la soie dans cet état pourrait être diluée et appliquée en combinaison avec des fibres pour produire des résultats utiles. Il est également probable que cette substance, ou la soie *en masse* , pourrait être utilisée de plusieurs manières pour réparer les tissus en soie. Elle pourrait être produite à très bon marché, car la plus grande dépense dans la fabrication de la soie est le déroulage, l'enroulement et le filage du fil.

Une soie incroyablement résistante et utile est filée par le *ver de l'orme* , qui peut être cultivé en quantités illimitées partout où les ormes abondent. On la cultive beaucoup en Chine, et l'on dit que les vêtements faits de sa soie se transmettent de père en fils. Il est plusieurs fois plus gros que le ver à soie et survit même aux hivers rigoureux du Canada. Il serait beaucoup plus facile à élever que le délicat *bombyx* , ou ver à soie commun. Il est à noter qu'un homme peut transporter facilement dans sa poche cinquante mètres de cordon en soie de boyau de chat ou de ver d'orme suffisamment solide pour supporter son poids, ce qui est très utile à connaître pour les voyageurs , puisqu'il est utile pour raccommoder les harnais ou attacher les chevaux. .

Pour adoucir la corne. — Ce matériau peut être ramolli de manière à se plier dans l'eau chaude. Cela nécessite une longue ébullition. Selon Geissler, une corne peut être façonnée en la trempant pendant deux ou trois jours dans un demi- kilo d' alicant noir , 375 grammes de chaux nouvellement calcinée et 2 litres (deux quarts complets) d'eau chaude. Si le mélange prend une couleur rougeâtre , tout va bien ; sinon, ajoutez plus d'alicant et de citron vert. Une fois la corne moulée , séchez-la dans du sel commun bien séché. Les copeaux et la limaille de corne sont transformés en une pâte qui durcit en étant dans une forte solution de potasse et de chaux éteinte, dans laquelle elle devient gélatineuse et peut être moulée . Celui-ci doit être soumis à une pression pour expulser l'humidité. En ajoutant un peu de glycérine, sa fragilité est grandement diminuée.

OSSATURE ARTIFICIELLE . — Réduisez l'os ou l'ivoire en une poudre très fine, semblable à de la farine, mélangez-le très soigneusement avec le blanc d'oeuf, et vous obtiendrez une masse très dure et coriace. Celui-ci peut être tourné et poli. La dureté et la qualité sont améliorées en broyant à nouveau la masse et en la soumettant à la chaleur et à la pression (*Die Verarbeitung Hornes, &c.* , von Louis Edgar Andés ; Vienne, 1892).

POUR BIEN ÉPOUSSETER LES VÊTEMENTS. — L'extrait suivant sur le nettoyage des vêtements est tiré de mon prochain ouvrage, intitulé *One Hundred Arts* :—

"Le moyen évident d'enlever la poussière d'un manteau, comme certains enlèvent le mal aux enfants (*vidéo* DE NORTHCOTE *Fables*) — se fait en fouettant ou en battant avec un bâton. Ceci, en effet, atteint le but recherché, mais cela brise rapidement la fibre du tissu. C'est pourquoi en Allemagne, comme en Italie, une petite *chauve-souris* tressée de cannes ou de roseaux fendus est employée pour exorciser le démon de la poussière, connu sous le nom de *Pāpākeewis* chez les Chippeways . Mais mieux que cela, c'est un petit *balai* . Il y a un demi-siècle, cette simple invention n'était connue qu'aux États-Unis et en Pologne.

« Fouettez le vêtement avec le *côté* du fouet doux et, à mesure que la poussière remonte à la surface, brossez-la. Si le lecteur essaie cela sur n'importe quel manteau, aussi propre soit-il, il sera étonné de constater combien de poussière il extraira ou soulèvera.

«Toute la poussière qui se trouve ainsi cachée dans le tissu, lorsqu'elle arrive à la surface, agit comme *du sable* ou de la poudre insensiblement mais certainement, et contribue à user la surface chaque fois qu'on la touche. Le fait que nous prenons de la poussière à chaque fois que nous sortons apparaîtra en inspectant un chapeau en soie. De plus, la poussière d'une couche, etc., chaque fois qu'elle est frottée par la main la plus propre, absorbe de la graisse, ce qui, avec le temps, contribue à gâter la surface. En fait, la moitié de l'usure de tous les tissus est due uniquement à la poussière.

« Par conséquent, si nous époussetons *soigneusement* nos vêtements avec un fouet, chaque fois que nous les enlevons, les plions avec soin et les déposons dans un tiroir, ils dureront beaucoup plus longtemps qu'avant. L'air pur et exempt de poussière est aussi propice au bien-être des manteaux qu'à celui de ceux qui les portent, et Dominie Sampson a dit plus de vérité qu'il ne l'imaginait lorsqu'il observait que l'atmosphère de la demeure de son patron était singulièrement respectueuse du drap.

Pour preuve de cela, on peut observer que, de même que le jet de sable attaque exclusivement certaines substances, de même la poussière ou les graviers endommagent certains tissus et pas d'autres, et que ces derniers sont tous connus comme les tissus les plus durables.

LA FIN

NOTES DE BAS DE PAGE :

1 *Ceresa* est un décor de verre en poudre de différentes couleurs dans un lit de ciment. Des cubes de mosaïque y sont souvent combinés.

2 *Regardez* « Wood-Carving », de CHARLES GODFREY LELAND , FRLS, MA (Londres, Whittaker & Co., 5s.), pour un chapitre sur ce sujet.

3 Pour plus de détails sur le traitement de la corne, le lecteur pourra consulter *Die Verarbeitung des Hornes* , etc., de LOUIS E. ANDÉS , dans lequel il trouvera également tous les détails sur la teinture de l'ivoire.

4 Le regretté WW STORY , le sculpteur et homme de lettres.

5 « Manuel sur la préservation des images », par HENRY MOGFORD ; douzième édition, révisée. Londres : Winsor & Newton, 1s.

www.ingramcontent.com/pod-product-compliance
Lightning Source LLC
LaVergne TN
LVHW042106190726
843493LV00006B/1377